Bibliografische Information der Deutschen Nationalbibliothek:

Die Deutsche Bibliothek verzeichnet diese Publikation in der Deutschen Nationalbibliografie; detaillierte bibliografische Daten sind im Internet über http://dnb.d-nb.de/ abrufbar.

Impressum:

Druck und Bindung: Books on Demand GmbH, Norderstedt Germany
ISBN: 9783638794213

Dieses Buch bei GRIN:

http://www.grin.com/de/e-book/73097/die-macht-der-organisierten-kriminalitaet-mafia-und-triaden-im-vergleich

Simone Espey

Die Macht der Organisierten Kriminalität. Mafia und Triaden im Vergleich

GRIN Verlag

Lehrstuhl für regionale Geographie

Die Macht der Organisierten Kriminalität - Mafia und Triaden im Vergleich

Bachelorarbeit im Studiengang ‚European Studies'

Passau, im Februar 2007

Verfasserin:

Simone Espey

Inhaltsverzeichnis

I. Abkürzungsverzeichnis

OK = Organisierte Kriminalität

FAZ = Frankfurter Allgemeine Zeitung

P2 = Propaganda Due

BKA = Bundeskriminalamt

II. Abbildungen

III. Einleitung

„Die Triaden – die chinesische Mafia“[1], *„Organisierte Kriminalität in Deutschland. Das blutige Geschäft der asiatischen Mafia“*[2], *„[...] - Massaker nach Mafia-Manier“.*[3]

So lauten nur drei aktuelle Schlagzeilen namhafter deutscher Zeitungen. Aufgrund der Ereignisse in Deutschland ist das ausgewählte Thema brisant und wichtig, zumal Organisierte Kriminalität (OK)[4] nicht nur als Bedrohung, sondern auch als handfester wirtschaftlicher, gesellschaftlicher und politischer Einflussfaktor existiert. *„Die Organisierte Kriminalität (...) ist ein internationales Phänomen, das nicht leicht darstellbar ist. Auf der einen Seite ein Mythos, der von Hollywood teilweise filmisch schon glorifiziert wurde, auf der anderen Seite eine unsichtbare Bedrohung der Realität.“*[5]

Zweifellos nimmt die Mafia in Hinblick auf die Organisierte Kriminalität eine sehr bedeutende Rolle ein. Dies zeigt sich beispielsweise dadurch, dass der Begriff Mafia gemeinhin als Synonym für Organisierte Kriminalität verwendet wird. Der umgangssprachlich genutzte Begriff Mafia für jegliche Form organisierter Kriminalität ist jedoch sachlich falsch, da hier eine Differenzierung zwischen Mafia und anderen ähnlich angesiedelten kriminellen Organisationen auf der Welt, die lokal und historisch von der Mafia völlig unabhängig entstanden, nicht mehr stattfindet.[6] Das Wirken krimineller Bündnisse beschränkt sich nicht nur auf das Herkunftsgebiet der Mafia, unbestritten ist auch eine zunehmende Ausbreitung der Organisierten Kriminalität über den gesamten Globus.[7] Teil des organisierten Verbrechens sind die *Triaden*, die für die Gesamtheit der organisierten chinesischen Kriminalität stehen.

.

[1] KÄPPNER (Süddeutsche Zeitung, 06.02.2007).
[2] LEYENDECKER (Süddeutsche Zeitung, 07.02.2007).
[3] JÜTTNER (Frankfurter Allgemeine Zeitung, 05.02.2007).
[4] Es sei darauf hingewiesen, dass der Begriff ‚Organisierte Kriminalität' in der Literatur von vielen Autoren groß geschrieben wird.
[5] BOSSERT; KORTE (2004, S. 5).
[6] Vgl. KLAHR (1998, S. 193).
[7] Um dem Eindruck entgegenzuwirken, die Organisierte Kriminalität beschränke sich auf einige wenige Länder und bestimmte ethnische Minderheiten, sei an dieser Stelle auf andere Beispiele für Gruppierungen der OK hingewiesen, wie die japanische „Yakuza“, die „russische Mafia“ oder das „Cali-Kartell“ in Lateinamerika.

„Verglichen mit den Triaden backen Mafia, Camorra und Cosa Nostra kleine Brötchen!“[8]

Diese Aussage von Ian Seabourn, Superintendend der Royal Hongkong Police beinhaltet, dass die Triaden ‚mächtiger' sind als die Mafia.

Der Großteil der deutschen Bevölkerung hingegen kennt ‚nur' die italienische Mafia, für eine chinesische organisierte Kriminalität hat sich bisher kaum ein Bewusstsein entwickelt, woraus sich folgende These ableiten lässt:
Eine Sensibilität für das Thema Triaden entwickelte sich unter der deutschen Bevölkerung kaum, da zum einen diese Organisation tatsächlich weniger in Deutschland agiert und sie zum anderen selten in den Medien thematisiert wird.

Der oben genannten Aussage gilt es in dieser Arbeit einer Überprüfung zu unterziehen und anhand einer Analyse die daraus abgeleitete These aufzuarbeiten:
Da aufgrund der Literaturlage nur über ein ‚eventuelles' Machtverhältnis spekuliert werden kann,[9] wird ein Vergleich zwischen Mafia und Triaden angestellt, der Aufschluss über Stärken und Schwächen der Organisationen geben soll. Dabei wird insbesondere auf den Aspekt der mafiosen Strukturen geachtet, aus denen sich die besondere Macht dieser Form von Kriminalität ergibt. Ohne den Status einer speziellen gesellschaftlichen Organisation könnten Mafia und Triaden nicht die kriminelle Macht ausüben, die ihnen in der Realität zuzuschreiben ist.
Des Weiteren wird analysiert, welche der beiden Gruppierungen in Deutschland präsenter ist und ob sich dies mit dem Bewusstsein in der Gesellschaft deckt.

Es sei darauf hingewiesen, dass aufgrund des eingeschränkten Umfangs dieser Arbeit die Bekämpfungsansätze außer Acht gelassen werden.

[8] Vgl. THAMM (1996, S. 4).

[9] Bezüglich der Literatur zur Organisierten Kriminalität ist einschränkend darauf hinzuweisen, dass hier oft mit plakativen Titeln die Macht der Internationalen Organisierten Kriminalität übertrieben dargestellt wird. Titel wie „Drachen bedrohen die Welt“ sind wenig geeignet, eine rationale Auseinandersetzung mit diesem Phänomen zu fördern. Darüber hinaus wird an vielen Stellen in der Literatur nicht ganz deutlich, ob die Macht generell dem Phänomen des Verbrechens oder doch speziell dem Organisierten Verbrechen zugeschrieben werden muss. Mann gewinnt oft den Eindruck, dass das ‚normale' Verbrechen zu pauschal mit dem Phänomen Organisierte Kriminalität identifiziert wird. Aus diesem Grund ist es schwer, die Macht des organisierten Verbrechens realistisch einzuschätzen.

IV. Vorblick auf den Gang der Untersuchung

Diese Arbeit ist in zwei Abschnitte, einen theoretischen und einen analytischen, gegliedert.

Um eine allgemeine Einführung in das Thema zu geben, wird im ersten Abschnitt (IV), mittels intensiver Literaturstudie definiert, was genau die Organisierte Kriminalität ist. Die Geister scheiden sich bereits an dieser Stelle. Natürlich kann meine Arbeit diese Frage ebenfalls nicht allgemeingültig und abschließend beantworten. Vielmehr soll anhand unterschiedlicher Definitionen die Problematik, die sich hinter diesem Begriff verbirgt, aufgezeigt werden. Des Weiteren soll auf die Bedeutung der Organisierten Kriminalität in der heutigen Zeit eingegangen werden.
Ausgehend von der Erläuterung des Untersuchungsgegenstandes wird, nach einer kurzen Darstellung ihrer Entwicklung, die ‚Organisation Mafia' in allen ihren regionalen Ausprägungen aufgelistet. Die heutigen Tätigkeitsbereiche der Mafia werden beschrieben und es wird aufgezeigt in welchen Ländern diese aktiv ist.
Anschließend wird analog zum zweiten Teil auf die aus China stammende Gruppierung der Triaden näher eingegangen werden.
Nachdem die Grundsteine für eine vertiefende Analyse gelegt sind, wird, anschließend an die ‚Vorstellung' von Mafia und Triaden, im zweiten Abschnitt (V), ein Vergleich angestellt, der Unterschiede in Hinblick auf ihre Organisationsstruktur und ihr Wirken in der Gesellschaft aufzeigen soll.
Bevor im letzten Teil die Ergebnisse zusammengefasst werden, soll zuvor die Präsenz der Organisationen in Deutschland zum Thema gemacht werden. Anhand von Daten des Bundeskriminalamtes wird deren Aktivität in Deutschland nachgewiesen, um festzustellen, welche Organisation präsenter ist. Diese Vorüberlegung ermöglicht es, auf die Diskrepanz von ‚Gefährlichkeit' und Berichterstattung einzugehen. Während die Mafia – aufgrund der großen Medienpräsenz – einen großen Bekanntheitsgrad besitzt und von ‚Allen' gefürchtet wird, werden andere einflussreiche Vereinigungen, wie die Triaden ‚vernachlässigt'. Es soll festgestellt werden, inwiefern in Deutschland ein mediales Interesse für die beiden kriminellen Organisationen besteht, woraus der Schluss gezogen werden soll, dass das der Grund für das geringe Bewusstsein über die Triaden in der deutschen Gesellschaft ist.
Im Schlussteil wird dann, aufbauend auf die erlangten Erkenntnisse, anhand verschiedener ‚Faktoren' von Macht ein abschließender Vergleich zwischen Mafia und Triaden gezogen, der die Aussage von Ian Seabourn bestätigen oder widerlegen wird.

V. Die Macht der Organisitierten Kriminalität

1. Das Phänomen der Organisierten Kriminalität

1.1 Begriff der Organisierten Kriminalität

In der Öffentlichkeit werden mit dem Begriff des organisierten Verbrechens in der Regel historisch gewachsene kriminelle Männerbünde verstanden, wie sie etwa in der Form der sizilianischen Mafia oder der chinesischen Triaden bekannt sind.[10] Mafiaähnliche Strukturen sind jedoch nicht die einzige Erscheinungsform der Organisierten Kriminalität. In einer weiten Definition kann bereits von Organisierter Kriminalität gesprochen werden, wenn folgende Beschreibung zutrifft: *„Ein arbeitsteiliges, bewusstes und gewolltes, auf Dauer angelegtes Zusammenwirken mehrerer Personen zur Begehung strafbarer Handlungen – häufig unter Ausnutzung moderner Infrastrukturen – mit dem Ziel, möglichst schnell hohe finanzielle Gewinne zu erreichen."*[11] Hier handelt es sich jedoch um eine Definition, die beträchtlich unter den Charakteristika bleibt, die für Mafia und Triaden typisch sind. Sie kann in vielen Fällen auch auf eine Komplizenschaft zur Begehung von zum Beispiel Bankeinbrüchen zutreffen.

Dem jährlichen Lagebild des BKA liegt folgende Definition der OK zugrunde:

„Organisierte Kriminalität ist die von Gewinn- oder Machtstreben bestimmte planmäßige Begehung von Straftaten, die einzeln oder in ihrer Gesamtheit von erheblicher Bedeutung sind, wenn mehr als zwei Beteiligte auf längere oder unbestimmte Dauer arbeitsteilig

a) unter Verwendung gewerblicher oder geschäftsähnlicher Strukturen,

b) unter Anwendung von Gewalt oder anderer zur Einschüchterung geeigneter Mittel oder

c) unter Einflussnahme auf Politik, Medien, öffentliche Verwaltung, Justiz oder Wirtschaft zusammenwirken.

Der Begriff umfasst nicht Straftaten des Terrorismus.“[12]

Es sollte berücksichtigt werden, dass bezüglich einer Definition von Organisierter Kriminalität zunächst festgestellt werden kann, dass hier keine präzise Beschreibung möglich ist. Der Begriff *„eignet sich daher nicht für die Umschreibung von prozessualen Eingriffstatbestän-*

---

[10] Vgl. FREIBERG; THAMM (1992, S. 107).
[11] zitiert nach FREIBERG; THAMM (1992, S. 109).
[12] WESSEL (2001, S. 47); WITTKÄMPER (1996, S. 48).

den, kann jedoch die Öffentlichkeit für die Gefahren organisierter Straftätergruppen sensibilisieren und die Zuständigkeit spezieller Strafverfolgungsbehörden umschreiben".[13] Der Versuch, zu einer solchen Definition zu kommen, stößt also auf einige Schwierigkeiten.

1.2 Problematik dieses Begriffs

Zunächst muss eine wichtige Abgrenzung vorgenommen werden, die vielleicht eine Möglichkeit zur Begriffsbestimmung bietet. Unter dem Begriff der Organisierten Kriminalität darf man zunächst keinen bestimmten Straftatbestand auffassen, sondern eine bestimmte Form von Verbrechen, die geprägt ist durch bestimmte Taktiken und Techniken.
Die an der Form der Verbrechensbegehung orientierte Beschreibung von Organisierter Kriminalität kann differenziert werden, indem die folgenden Tatbestandsmerkmale herangezogen werden:[14]

1) Vorbereitung und Planung der Tat
2) Ausführung der Tat
3) Finanzgebaren
4) Verwertung der Beute
5) Konspiratives Täterverhalten
6) Täterverbindungen/Tatzusammenhänge
7) Gruppenstruktur
8) Hilfe für Gruppenmitglieder
9) Korrumpierung
10) Monopolisierungsbestrebungen
11) Öffentlichkeitsarbeit

Mit Hilfe eines so umfassenden Begriffes von Organisierter Kriminalität kann es vielleicht gelingen, sich auch solcher Phänomene wie der Mafia, der chinesischen Triaden und ähnlicher krimineller Strukturen bzw. Parallelgesellschaften zu nähern. Dieser umfassende Begriff ist aber sicher nicht auf alle Phänomene anzuwenden, die von manchen Autoren als Ausprägungen der Organisierten Kriminalität aufgefasst werden. Viele der Bestandteile der aufgeführten Tatbestandsmerkmale können auch auf andere Formen der Kriminalität angewandt werden. Es bleibt die Frage, welche Kriterien die Kernkriterien sein sollen, die unverzichtbar sind, um von Organisierter Kriminalität sprechen zu können.

Ein weiteres Problem stellt die Frage nach dem Ausmaß des Vorliegens einzelner Kriterien dar. Bandenmäßige Verabredungen zur Begehung von Straftaten sind keine neue Erscheinung. Viele Delikte erfordern gerade eine gemeinschaftliche Begehung. Es stellt sich jedoch

---

[13] SIEBER (1997a, S. 272).
[14] Die folgende Liste nach LUCZAK (2004, S, 206ff); siehe vollständig im Anhang S. 33.
ähnlich auch die Kriterien in BOSSERT; KORTE (2004, S. 46ff) und WITTKÄMPER (1996, S. 52ff).

die Frage, was die Planung eines Bankraubs durch mehrere Personen grundsätzlich von Organisierter Kriminalität unterscheidet. Dies gilt auch dann, wenn man berücksichtigt, dass Strukturen gefordert werden, die über längere Zeit bestehen. Auch bei ‚Partnern' bei Bankräubern und anderen Verbrechen können über längere Zeit immer wieder die gleichen Personen zusammen arbeiten. In der Regel wird hier jedoch nicht von Organisierter Kriminalität gesprochen. Auch unter dieser Perspektive stellt der Begriff der Organisierten Kriminalität kein scharfes Abgrenzungskriterium bereit, um ‚gewöhnliche' Kriminalität von Organisierter Kriminalität unterscheiden zu können.[15]

Man könnte versuchen, den Begriff der ‚Parallelgesellschaft' als wichtiges Kriterium für die Abgrenzung von Organisierter Kriminalität zu verwenden. Dann muss man allerdings akzeptieren, dass viele Formen von Kriminalität, die in manchen Zusammenhängen als ‚organisiert' bezeichnet werden, aus dieser Definition herausfallen. Eine solche Definition kann aber auf die kriminellen Strukturen angewandt werden, die unter den Bezeichnungen Mafia und Triaden bekannt sind. Dann muss man allerdings auch darauf hinweisen, dass nach einer solchen Definition von Organisierter Kriminalität in Deutschland nur sehr eingeschränkt die Rede sein kann.[16]

Die vorangegangenen Ausführungen machen die Problematik in Bezug auf eine allgemeingültige Definition von Organisierter Kriminalität deutlich. Wie bereits anfangs erwähnt, kann hier die ‚Definitionsfrage' ebenfalls nicht beantwortet werden. Um Verwirrungen zu vermeiden, erfordert der Abschluss dieses ‚Kapitels' zumindest die Festlegung einer ‚für diese Arbeit geltenden' Definition. Es wird festgehalten, dass die Definition über Organisierte Kriminalität des Bundeskriminalamtes dieser Untersuchung zugrunde gelegt wird, da diese in ihren Beschreibungen am geeignetsten erscheint, Organisationen wie die Mafia oder die Triaden, in Hinblick auf ihre Struktur und ihr Handeln in der Gesellschaft, zu charakterisieren. Ferner sei zu beachten, dass diese Aussage auf dem subjektiven Empfinden der Verfasserin beruht.

---

[15] Vgl. KLAHR (1998, S. 232f).
[16] Vgl. SCHAEFER (1997, S. 109).

1.3 Bedeutung der Organisierten Kriminalität

Es gibt weltweit identische Delikte bzw. Deliktbereiche, bei denen die Organisierte Kriminalität eine besonders große Bedeutung besitzt. Dazu werden etwa gezählt: Drogenhandel, Prostitution, Menschenhandel, Glücksspiel, Schutzgelderpressung, Kfz-Diebstahl, Raub und Hehlerei, Vertrieb von Falschgeld und Waffenhandel. Es gibt darüber hinaus in einigen Staaten typische spezielle Deliktsformen, bei denen die Organisierte Kriminalität Bedeutung besitzt. Dies gilt etwa für die USA und für Italien in Bezug auf Be-stechung und Korruption sowie für die Nachfolgestaaten der ehemaligen Sowjetunion in Bezug auf Veruntreuungen von Firmen- und Staatseigentum.[17]

Wichtige Entwicklungstendenzen innerhalb der Organisierten Kriminalität wurden von SIEBER folgendermaßen beschrieben:[18]

- es gibt eine zunehmende Brutalisierung und Gewaltbereitschaft,
- die Tatausführung wird zunehmend technisiert und professionalisiert,
- die Korruption nimmt zu, d.h. es gibt mehr Verbindungen zwischen Organisierter Kriminalität, Verwaltung und Politik,
- die Straftätergruppen zeigen eine zunehmende internationale Verflechtung. „Die OK ist heute zumeist länderübergreifend oder sogar weltweit tätig.“[19]

Europol stellte in seinem Lagebericht für das Jahr 2004 ebenfalls fest, dass die Organisierte Kriminalität immer professioneller wird und sich dabei auf externes Fachwissen stützt, in einem immer größer werdenden internationalen und heterogenen Umfeld.[20]

Bei der Beurteilung der Bedeutung der Organisierten Kriminalität kann nicht nur die Häufigkeit und die Schwere der für diese Erscheinungsform von Kriminalität charakteristischen Delikte herangezogen werden. Es geht auch nicht nur um die berufsmäßige und mit erheblichen Spezialkenntnissen und hohem technischen Aufwand ausgestattete Begehung von Verbrechen. Wichtig ist vor allem, dass es sich hier um kriminelle Organisationen handelt, die über den einzelnen Straftatbestand hinaus bestehen und feste Strukturen ausbilden, die es ihnen erlauben, leichter künftige Straftaten zu begehen. Die Struktur von OK-Gruppierungen zeichnen sich vor allem durch eine Hierarchie, ein internes ‚Sanktionssystem‘, gegenseitige Unterstützung und Zusammenarbeit sowie die hohe Gewaltbereitschaft aus. Charakteristisch ist ferner die Durchdringung von Politik und Wirtschaft, sowie die Profitmaximierung durch methodisches Handeln.[21]

---

[17] zur Organisierten Kriminalität in Russland siehe ausführlich CHEBOTAREV (1997, S. 131-144).
[18] SIEBER (1997a, S. 272f).
[19] BAYERISCHES STAATSMINISTERIUM DES INNERN (2002, S. 2).
[20] EUROPOL (2004, S. 8).
[21] Vgl. KLAHR (1998, S. 244).

Solche Organisationen können schließlich zu einer Art ‚Gegengesellschaft' führen, in der planvoll und systematisch Verbrechen geplant und ausgeführt werden, und in der die Normen des Staates und der zivilen Gesellschaft keine Anwendung finden.[22]

Daraus kann sich auch eine Bedrohung der staatlichen Autorität und der gesellschaftlichen Normen ergeben, die ihre Bedeutung verlieren können, wenn sie in bestimmten Bereichen grundsätzlich nicht mehr anerkannt werden. Organisierte Kriminalität beschädigt durch die Schaffung eines Milieus, in dem die rechtsstaatliche Ordnung nicht mehr gilt, gezielt das rechtsstaatliche Funktionieren von Staat und Gesellschaft. [23]

Schon HAMACHER wies 1986 darauf hin, dass die Organisierte Kriminalität eine neue Qualitätsstufe der Kriminalität darstellt und dass bei kriminellen Organisationen vor allem das vom Straftatenziel unabhängige Bezugssystem wichtig ist, das auf Dauer angelegte Kommandostrukturen und einen kanalisierten Informationsfluss einschließt. Darüber hinaus geschieht die Planung von Verbrechen innerhalb der Organisierten Kriminalität nach einer zweckrationalen und strategischen Planung bis hin zu aus dem modernen Marketing bekannten Methoden wie Bedarfsforschung und Absatzplanung.

Schließlich entstehen auf diese Weise kriminelle ‚Institutionen' vergleichbar mit großen Unternehmen, nur mit einer autoritären Führung und quasi-staatlicher Machtausübung jenseits moralischer oder demokratischer Kontrolle. Rechtsberatung, Betreuung von Inhaftierten und deren Angehörigen, die soziale Abdeckung durch Scheinberufe bis hin zu planvoller Öffentlichkeitsarbeit zum Aufbau legaler Positionen in der Wirtschaft gehören zu einer solchen Verselbständigung von kriminellen Organisationen.[24] Die Bedeutung der Organisierten Kriminalität hängt ferner mit der Globalisierung, mit der Entwicklung der Telekommunikation und mit der zunehmenden Mobilität von Waren und Geld zusammen.[25]

Die Auswirkungen der Organisierten Kriminalität lassen sich nach KLAHR folgendermaßen beschreiben: Sie führt zu Einnahmeverlusten des Staates (Steuern, ...), zur Erhöhung der Ausgaben für die Strafverfolgung und zum Aufbau geschlossener Subkultursysteme mit antisozialen Normen. Die entstehende Schattenwirtschaft beeinträchtigt das wirtschaftliche Gefüge und durch ihren Einfluss auf Politik, Medien und Justiz wird das Vertrauen der Bevölkerung beeinträchtigt.[26]

---

[22] Vgl. HOFMANN (2003, S. 71ff).
[23] ZACHERT (Frankfurter Allgemeine Zeitung,18.09.1998).
[24] HAMACHER (1986, S. 20f).
[25] Vgl. MÖRBEL (1999, S. 45).
[26] Vgl. KLAHR (1998, S. 245f).

2. Die Macht der Mafia

2.1 Mafia als historisches Phänomen[27]

Der Begriff der Mafia wird heute geradezu inflationär[28] gebraucht und stellt für die breite Öffentlichkeit den Prototyp Organisierter Kriminalität dar.[29] Eine verlässliche Datierung der Entstehung der Mafia ist heute angesichts der dürftigen Quellenlage nicht mehr möglich. Zudem gehört es zum Wesen der Mafia, möglichst wenig Spuren – und schon gar keine schriftlichen – zu hinterlassen. Für PAOLI steht aber fest, dass es bereits seit Mitte des 19. Jahrhunderts zumindest Mafia-Vorläufer gegeben hat.[30] Grundlage war zunächst die historische Entwicklung Siziliens mit raschen Herrschaftswechseln. Sizilien war lange Zeit ein Spielball europäischer und mediterraner Mächte.[31] Auf diese Weise konnte sich in Sizilien keine Identifikation mit der staatlichen Gewalt entwickeln. Die Rechtsprechung blieb in der Willkür örtlicher Machthaber, die das Recht zur Durchsetzung ihrer eigenen Interessen benutzten. Eine der wichtigsten Entstehensbedingungen der sizilianischen Mafia war also die Abwesenheit des Staates als einer Institution, die dem einzelnen Bürger Rechtssicherheit gewähren konnte. Auf Sizilien herrschte bis weit in die Neuzeit eine Art ‚Naturzustand', in dem nur das Recht des Stärkeren galt.[32]

Die Gesellschaft Siziliens blieb deshalb auf der sozialen Grundlage der Familie aufgebaut, die ein informelles System von Selbsthilfeorganisationen darstellte und auf diese Weise den abwesenden Staat ersetzen konnte. In diesem Rahmen herrschten weiter archaische Ehrbegriffe.[33] Auf dieser Grundlage entstand ein Feudalsystem, das auf einer gestaffelten Ordnung von Verpachtungen von Land beruhte. Der Pächter konnte auf diese Weise selbst Herr werden, indem er andere Pächter zwang, für ihn zu arbeiten, blieb aber selbst weiterhin seinem eigenen Herrn verpflichtet. Man spricht hier von ‚Agrarmafia'.[34]

---

[27] HESS weist darauf hin, dass es eigentlich nicht möglich ist, eine Geschichte der Mafia zu schreiben, denn dies müsste auf einem Missverständnis dessen beruhen, was Mafia wirklich ist. Es gibt eigentlich keine geschlossene Organisation und keinen einheitlichen Geheimbund ‚Mafia'. Es kann letztlich deshalb auch nicht die Geschichte einer solchen Institution geschrieben werden. An die Stelle einer solchen Geschichte tritt in der Regel eine Beschreibung des Verhaltens von Mafiosi in verschiedenen historischen Situationen und eine Beschreibung der Rolle, die die Mafia in der Geschichte Siziliens spielte. Es gibt also nicht eine Geschichte der Mafia, sondern es kann nur Geschichten über die Mafia geben. Vgl. HESS (1993, S. 165).

[28] *„wenn irgendwo auf der Welt straff organisierte Kriminalität beobachtet wird, spricht der Volksmund sofort vergröbernd von MAFIA"*. LOESER (2004, S. 90).

[29] Vgl. PAOLI (2004a, S. 9).

[30] Vgl. PAOLI (2004b, S. 59); Dies wird auch von Petersen bestätigt.

[31] Siehe KLAHR (1998, S. 194f).

[32] Hierzu HESS (1993, S. 16ff) ;vausführlich auch bei Loeser (2004, S. 66ff).

[33] Vgl. KLAHR (1998, S. 195).

[34] Vgl. ebenda (S. 196ff).

Der gleiche Ausbeutungsmechanismus dehnte sich dann in die Städte aus. Schließlich wurde dieses feudalistische Prinzip der Mafia zu einem Teil einer Subkultur, die auf Sizilien in weiten Bereichen zu einer Volkskultur wurde. Diese Entwicklung wurde auch durch die getrennte Entwicklung Italiens begünstigt, wo sich der Norden industrialisieren konnte, während die süditalienische Landwirtschaft in schwere Agrarkrisen geriet und nichts zur Entwicklung des Landes beitragen konnte. Dies führte zu starken Emigrationswellen, durch die die Mafia-Subkultur sich auch in den USA ausbreitete.

Unter dem Faschismus gelang es zeitweise, die Macht der Mafia weitgehend zu reduzieren. Dies hing auch damit zusammen, dass der Staat nun das Monopol physischer Gewalt durchzusetzen versuchte.[35] In den darauf folgenden Jahrzehnten zog die Mafia nur wenig Interesse auf sich. LOESER spricht hier von einer städtisch-unternehmerischen Phase in der Entwicklung der Mafia.[36] Dies änderte sich erst wieder, als die Öffentlichkeit durch blutige ‚Kriege' zwischen verschiedenen ‚Familien' aufgeschreckt wurde. Dazu kamen Morde gegen hohe Polizeibeamte und vor allem auf die beiden Richter Falcone und Borsellino im Jahr 1992.

Lange Zeit herrschte in Bezug auf die Mafia die Ansicht vor, dass es sich dabei eher um eine Lebenseinstellung als um eine Organisation handle.[37] Erst in den achtziger und neunziger Jahren des 20. Jahrhunderts zeigte sich aufgrund der Aussagen wichtiger Zeugen, dass es sich tatsächliche um eine umfassende und hierarchisch aufgebaute Organisation handelt. Inzwischen hatte sich die städtische Mafia zu einer Finanzmafia entwickelt, die rechtswidrige Geschäfte im internationalen Zusammenhang betrieb. In den neunziger Jahren setzten sich nach blutigen Auseinandersetzungen die so genannten ‚Corleonesi' durch. Nun gab die Mafia den Anschein von ehrbaren Geschäften weitgehend auf und trat nur noch als organisiertes Verbrechen auf. Dies hing auch damit zusammen, dass der Staat nun verstärkt gegen die Mafia vorzugehen versuchte, die ihre Strukturen durch eine verstärkte Gewalt gegen die eigenen Mitglieder und gegen staatliche Organe zu bewahren suchte.[38] *„In den letzten 25 Jahren hat sich ein gesamtnormatives System gegen die OK entwickelt [...], durch dass u. a. der Tatbestand der kriminellen Vereinigung mafioser Art eingeführt wurde.*" [39] Nach Aussage von PAOLI haben heute der Wegfall der Staatsgelder, die Marginalisierung im Drogengeschäft und der schleichende Prestige- und damit verbundene Autoritäts- und Machtverlust in der Gesellschaft

[35] Vgl. FREIBERG; THAMM (1992, S. 46).
[36] LOESER (2004, S. 69ff).
[37] Vgl. HOFMANN (2003, S. 76).
[38] Siehe hierzu LOESER (2004, S. 70ff).
[39] MILITELLO 2003.

die Mafia zunehmend geschwächt.[40] Auch andere Autoren sprechen von einer scheinbaren Schwächung ihrer Position, sehen mafiose Gruppierungen aber nach wie vor als die dominierende Kraft im Organisierten Verbrechen.[41] Die genannten Veränderungen scheinen darauf hinzuwirken, dass sich die ‚moderne Mafia' verändert. So spricht De Gennaro u. a. davon, dass sich ‚die Familien' besser abschotten und dass der Grad der Diskretion der Mitglieder erhöht wurde[42]

2.2 Mafia und ‚Schwesterorganisationen'

In Italien umfasste die Mafia bzw. mit der Mafia verwandte Organisationen Mitte der 90er Jahre in Süditalien etwa 475 bis 500 Familien, zu denen insgesamt etwa 18.000 bis 20.000 Mitglieder gehörten.[43] Die Struktur der 'Schwesterorgansiationen' der Mafia lässt sich aus dem folgenden Schaubild ersehen.

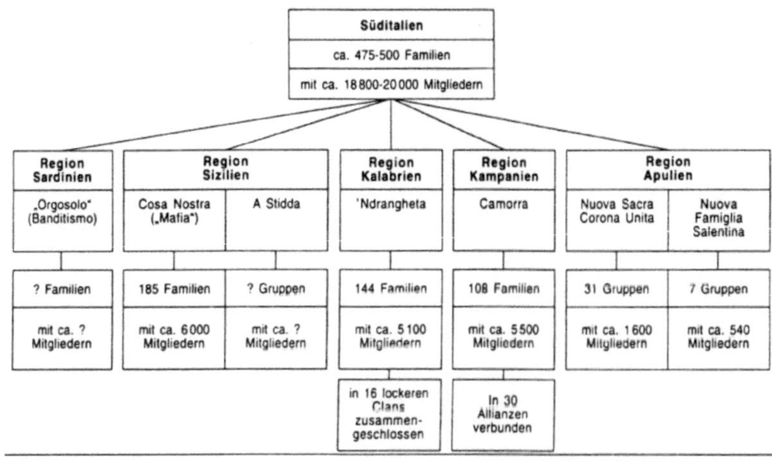

Abbildung 1: ‚Schwesterorganisationen' der Mafia[44]

[40] Vgl. Paoli (2004b, S. 63).
[41] Vgl. Neumahr (1999, S. 134).
[42] Genaro (1999, S. 133).
[43] Vgl. Thamm (1998, S. 86); zur Beschreibung der ‚Schwesterorganisationen' siehe auch De Gennaro (1999, S. 134ff).
[44] Quelle: Thamm (1998, S. 86).

Als die eigentliche, klassische Mafia gilt heute die sizilianische Cosa Nostra („Unsere Sache“) mit rund 6.000 Mitgliedern. Werden die weitläufigsten Gefolgsleute hinzugezählt, wächst die Gesamtgröße nach Schätzungen auf rund 70.000 Mitglieder.[45] Die meisten und mächtigsten Clans der Cosa Nostra konzentrieren sich auf West-Sizilien.

Das Festland-Pendant zur Cosa Nostra ist die ca. 5.100 Mitglieder umfassende 'Ndrangheta („Gesellschaft der Ehrenmänner“) aus der südkalabresischen Provinz Reggio Calabria.[46] Sie entwickelte sich im Prinzip aus der gleichen Geschichte wie die Mafia bzw. Cosa Nostra in der Region Sizilien, also vor allem aus Pächterstrukturen und Familien, die in einzelnen Dörfern alle wichtigen Ämter innehatten. LOESER berichtet, dass sich die 'Ndrangheta nahezu ausschließlich über Blutsverwandte rekrutiert und die Entwicklung der mafiosen Familien vor allem über die Heirat geschieht. Hier gibt es eine organisatorisch wenig verfestigte Zusammenarbeit der Clans, also keine hierarchische Ordnung wie bei der Cosa Nostra bzw. Mafia auf Sizilien.[47] *„Die 'Ndrangheta' wird heute eindeutig als die ‚am weitesten verbreitete und vielleicht gefährlichste' Organisation ‚unter den auf nationaler Ebene bekannten Organisationen' definiert.“*[48]

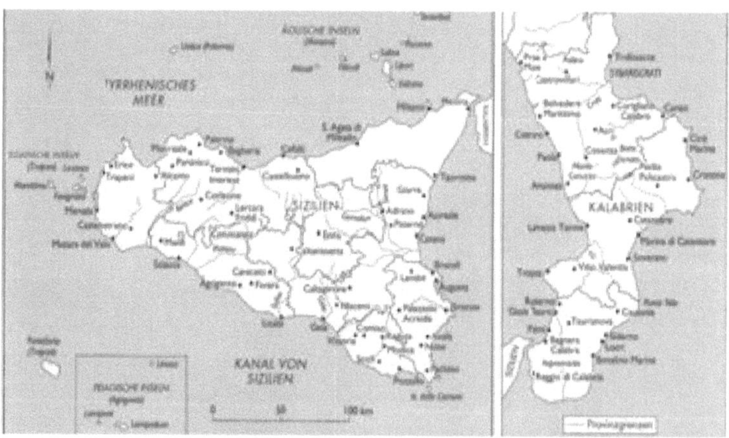

Abbildung 2: Die beiden großen Reiche der Mafia in Italien.[49]

[45] Vgl. ebenda (S. 89).
[46] Vgl. PAOLI (2004b, S. 59f).
[47] LOESER (2004, S. 97).
[48] DE GENNARO (1999, S. 137).
[49] Die beiden großen Reiche der Cosa Nostra in Sizilien und 'Ndrangheta in der Region des südlichen Kalabriens. Quelle: PAOLI (2004b, S. 62).

Die apulische Mafia (Sacra Corona) mit rund 1.600 Mitgliedern entstand in der Hauptsache erst nach dem 2. Weltkrieg. Apulien wird als die erste italienische Region, in der eine neue Mafia entstand, bezeichnet.[50]

In der Camorra in Kampanien besitzen die einzelnen Clans weitgehende Autonomie, die Camorra orientiert sich jedoch hinsichtlich Struktur und Normen mehr und mehr am sizilianischen Vorbild. Bemerkenswert ist, dass bei der Camorra signifikant häufig Frauen in der Rolle von Bossen zu finden sind.[51] *Die Camorra fungiert als eine andere Form von Staat: Statt Steuern wird Schutzgeld eingezogen, verwundete oder inhaftierte Mitglieder erhalten Arbeitsausfall, es gibt Sozialkassen für Witwen und Kranke, [...].*"[52] Auch PETERSEN bestätigt, dass kaum irgendwo wie in Kampanien die Kriminalität Ausdruck einer Zersiedelung der Landschaft, der Massenarbeitslosigkeit unter Jugendlichen und des Zerfalls der Gesellschaft zu sein scheint. Hier sind die Kultur der Illegalität und das Gefühl der Gleichgültigkeit vorherrschend.[53]

Auf Sardinien gibt es mafia-ähnliche Organisationen, die vor allem durch Entführungen bekannt wurden. Auf Sizilien selbst soll es eine mafiose Schwesterorganisation geben, die nur bis zu einem gewissen Grade als Organisation bezeichnet werden kann, nämlich die so genannte ‚A Stidda', es handelt sich dabei um ehemalige Mafia-Mitglieder, die vor allem im Agrigent mächtig sein sollen.[54]

2.3 Globale Präsenz

H. Hess macht darauf aufmerksam, dass die Auffassung der Mafia als Teil des organisierten Verbrechens nur eine mögliche Perspektive ist. In erster Linie geht es bei der Mafia um die Macht auf einem bestimmten Territorium. Gerade deshalb ist sie etwas anderes und mehr als nur organisiertes Verbrechen im gängigen Sinne.[55] Global konnte sich die Mafia überall dort verbreiten, wo durch zu geringe staatliche Autorität wirtschaftliche Betätigung ohne Kontrolle möglich ist: *„Auch in der modernen Industriegesellschaft zahlen sich die alten mafiosen Qualitäten aus: die Freude an riskanten Unternehmungen, die Fähigkeit zur Gewalttätigkeit und die Bereitschaft, persönliche Risiken wie etwa Haftstrafen oder Tod durch Rivalen in Kauf zu*

---

[50] Vgl. THAMM (1998, S. 95) und DE GENNARO (1999, S. 139f).
[51] So LOESER (2004, S. 97f).
[52] SORRENTINO (Frankfurter Allgemeine Zeitung, 03.11.2006).
[53] PETERSEN (1995, S. 99).
[54] Vgl. LOESER (2004, S. 99).
[55] HESS (1993, S. 208).

nehmen. So haben Mafiosi im wirtschaftlichen Wettbewerb Vorteile gegenüber Unternehmern, die legale und kulturelle Schranken respektieren.“[56]

Die Mafia ist heute fast auf allen Kontinenten vertreten.[57] Neben den unter Punkt 3.2 erwähnten Gebieten in Italien konnten sich mafiose Strukturen vor allem in den USA aufgrund des Milieus mit zahlreichen süditalienischen Einwanderern schon Anfang der 20er Jahre des 20. Jahrhunderts ausbreiten.[58] Ursprünglich aus der Mafia entwickelt, verselbständigte sich die ‚Cosa Nostra' im Laufe der Zeit in den USA. Eine wichtige Rolle spielte dabei die Prohibition 1919. Nach Aufhebung des Alkoholverbotes im Jahre 1934 wurde der Heroinschmuggel zum wichtigsten Tätigkeitsgebiet. 1984 schätzte eine Kommission die Einnahmen der US-Mafia auf jährlich fast 170 Mrd. Dollar, wobei der größte Teil aus Rauschgiftgeschäften stammte. Erst 1987 konnte die Cosa Nostra in den USA erheblich entmachtet werden, als nach einem spektakulären Prozess die meisten Mafia-Bosse zu langjährigen Haftstrafen verurteilt wurden.[59] Jedoch gibt es noch heute in vielen amerikanischen Großstädten (Chicago, ...) ein ‚Little Italy'. Die mafiosen Vereinigungen Cosa Nostra und 'Ndrangheta unterhalten über ausgewanderte Mitglieder zudem Verbindungen ins europäische Ausland (u. a. Deutschland, Österreich, Spanien), nach Australien und Kanada.[60]

2.4 Deliktbereiche

Zu den Tätigkeitsbereichen der italienischen Mafia gehören keineswegs, wie dies in den Medien oft nahe gelegt wird, nur Schutzgelderpressungen bzw. Drogenhandel. KLAHR stellt fest, dass die Mafia in Zusammenhang mit den Urbanisierungsprozessen auch in Immobilienspekulationen bzw. in Landtransaktionen und am Anfang ihrer Geschichte auch in Geschäfte mit Steuerpacht ein, darüber hinaus wurden staatliche Subventionen abgeschöpft, die für den Süden Italiens bestimmt waren, aufstieg.[61] Zu den Deliktbereichen der italienischen Mafia zählten nun also auch Geschäftsbereiche, die der klassischen Wirtschaft angehören. Die soziale Welt dieser Mafia hat nur noch wenig mit der der alten Agrarmafia zu tun. Nichtsdestoweniger beruht der Zusammenhang bei solchen Delikten auch heute noch auf dem System von Protektion, von Gewalt und Omertà (Schweigegelöbnis).[62]

---

[56] MÜLLER (1990, S. 71).
[57] Vgl. THAMM (1998, S. 84).
[58] Vgl. FREIBERG; THAMM (1992, S. 57ff).
[59] Vgl. ebenda (S. 69ff).
[60] Vgl. PAOLI (2004b, S. 60).
[61] KLAHR (1998, S. 200).
[62] So STÖLTING (1983, S. 26f).

LOESER zählt die hauptsächlichen Betätigungsfelder der Mafia wie folgt auf:[63]

Illegale Geschäfte:

- Rauschgifthandel und -schmuggel,
- Waffenhandel und -schmuggel sowie Nuklearkriminalität,
- Kfz-Diebstahl sowie Diebstahl von und Handel mit gestohlenen Kunstgegenständen,
- Zuhälterei, Prostitution, Menschenhandel und illegales Glücks- und Falschspiel,
- Schutzgelderpressung,
- unerlaubte Arbeitsvermittlung und Beschäftigung,
- illegale Einschleusung von Ausländern,
- illegale Entsorgung von Sonderabfall und illegaler Technologietransfer,
- Geldwäsche.

Durch ihre Verbindungen zu Politik und Verwaltung nimmt die Mafia auch großen Einfluss auf legale Bereiche.

Legale Geschäfte im Bereich

- Der Bauwirtschaft
- Des Transportwesens
- Der Finanzdienstleistung
- Der Politik

Teilweise konnte es der Mafia gelingen, als gleichrangige Partner Beziehungen zu Politikern und auch Vertretern der örtlichen Finanzwelt und Wirtschaftskreise zu knüpfen, d.h. auch die Mafiosi stehen dann den Politikern als eine Interessengruppe gegenüber, die Einflüsse auf politische Entscheidungen auszuüben versucht.[64] MÜLLER erklärt, dass die politischen Beziehungen der italienischen Mafia vor allem in den achtziger Jahren bekannt wurden, als deutlich wurde, dass eine Freimaurer-Loge, die sich Propaganda Due (P 2) nannte, eine politische ‚Quasi-Organisation' aufgebaut hatte, wo Staat, Gesellschaft und Entscheidungsspitzen der Mafia zusammenwirkten. Diese Freimaurerloge entwickelte sich „*zu einer Kontaktstelle zwischen legaler und illegaler Sphäre, zwischen organisierter Kriminalität, Mafia, Terrorismus, illegalem Waffenhandel, Geheimdiensten und Teilen der Regierungsmehrheit.*"[65]

---

[63] LOESER (2004, S. 106f).
[64] Vgl. ebenda (S. 84).
[65] MÜLLER (1990, S. 93).

3. Die Macht der Triaden

3.1 Triaden als historisches Phänomen

Als Triaden werden die chinesischen kriminellen Geheimgesellschaften bezeichnet, weil ihr Symbol ein gleichseitiges Dreieck ist, dessen Seiten die drei chinesischen Grundkonzepte Himmel, Erde und Mensch verbildlichen.[66] Ähnlich wie bei der Mafia treten auch in Bezug auf die chinesische organisierte Kriminalität Schwierigkeiten bei der Terminologie auf.[67] Es wird vermutet dass die Triaden aus Geheimgesellschaften entstanden, die sich bereits aus der Zeit vor Christi Geburt nachweisen lassen. Ursprünglich war sie lediglich eine von vielen Gruppen bis schon bald sämtliche anderen Geheimbünde nach ihr benannt wurden.[68] Sie hatten zunächst die Gestalt einer Opposition und des Protestes gegenüber der traditionellen Herrschaftsordnung.[69] Vor allem bildete sich auf dieser Grundlage eine dichte Struktur konspirativer Signalsysteme aus, die zur Geheimhaltung nach außen und zur Kommunikation der Mitglieder untereinander dienten. Diese Geheimgesellschaften nahmen im 19. Jahrhundert die Funktion einer Abwehr gegen den ausländischen und vor allem europäischen Einfluss an. Im 20. Jahrhundert schließlich veränderten sich die Funktionen solcher Geheimgesellschaften und wandelten sich von Protestformen zu kriminellen Organisationen. Im kommunistischen China verschwand ihre Bedeutung zunächst weitgehend, da die Geheimgesellschaften hier intensiv unterdrückt wurden.[70] Später wurde geschätzt, dass die Zahl der in Geheimgesellschaften organisierten Chinesen zum Ende der Mandschu-Herrschaft 1911 etwa 35 Millionen betrug.[71] Es wird berichtet, dass die Triaden in der chinesischen Republik, die 1911 entstanden war, eine große Bedeutung hatten. Der Regierungschef Sun Yat-sen soll selbst ein führendes Triadenmitglied gewesen sein, ebenso Tschiang Kai-schek, der 1949 den Bürgerkrieg gegen Mao Tse-tung verlor.[72] Während dieser Zeit musste jeder, der in China Geschäfte machen wollte oder eine politische Karriere anstrebte, Schutzgelder an die Triaden bezahlen. Grundsätzlich ist also festzustellen, dass die organisierte Kriminalität der Triaden eine Wandlung durchgemacht hat, die sie von einer im Grunde politischen Bewegung über eine lange Zeitspanne zu einer organisierten Struktur von Kriminellen gemacht hat.

---

[66] Jüttner (Der Spiegel, 06.02.2007)
[67] So Lange (1994, S. 31)
[68] Vgl. ebenda (S. 36)
[69] Vgl. Klahr (1998, S. 210)
[70] Vgl. Weggel (1993, S. 926ff)
[71] Siehe Roth; Frey (1993, S. 290)
[72] Posner 1991, S. 59f

Nach dem Sieg der Kommunisten 1949 haben sich die Triaden vor allem auf Taiwan sowie in Hongkong ausgebreitet. In Hongkong begannen sie mit der Weiterverarbeitung von Opium zu Heroin und dehnten das Heroingeschäft und darüber hinaus auch das Glücksspiel und die Prostitution rasch über alle von China-Flüchtlingen besetzten Gebiete aus. Nach 1960 wandten sich die Triaden mehr und mehr dem Heroinhandel zu, vor allem über Hongkong und Taiwan konnten sie dabei ihre Macht zunehmend stärken.[73] Dabei spielten sich die einzelnen Triaden auch wechselseitig aus und benutzten teilweise die Royal Hongkong Police, um andere Gruppierungen zu zerschlagen. Erst Mitte der fünfziger Jahre gingen die Briten entschlossen gegen die Triaden vor und errichteten eine Spezialabteilung der Polizei für die Triadenbekämpfung, die große Erfolge bei der Bekämpfung dieser Organisationen haben sollte.[74]

Was die Volksrepublik China angeht, so wurde über viele Jahrzehnte keine Triaden-Aktivität bekannt. Erst 1995 gab ein hoher Polizeichef eine Warnung vor Aktionen von ausländischen und einheimischen Triaden bekannt. In einer an Hongkong grenzenden Sonderwirtschaftszone sollen einige Hongkong-Triaden Fuß gefasst haben und sich dort auch den Behörden entgegengestellt haben. In der Folge hatte die Bandenkriminalität auch Peking erreicht.[75]

3.2 Struktur der Triaden

Es soll auch heute noch die gleichen Triadengruppen geben, die seit Mitte der 50er Jahre die chinesische organisierte Kriminalität beherrschen. Es handelt sich dabei um die Triade 14 K, das Wo-Syndikat und Sun Yee On; außerdem kann noch die Triade Vereinigte Bambus aus Taiwan dazugezählt werden. Als Hongkong noch eine britische Kronkolonie war, wurde geschätzt, dass es dort an die 300.000 Triadenmitglieder gab, d.h. etwa 5 % der Bevölkerung gehörten einer der Organisationen an. Unterhalb dieser Dachorganisationen gibt es jedoch zahlreiche mehr oder weniger unabhängige Triadenorganisationen. Auch jenseits der großen Syndikate wie der gerade genannten gibt es noch viele Untergruppen.[76]

Auch die Triaden sind im Prinzip in Anlehnung an Familienstrukturen aufgebaut und auch die ritualisierte Aufnahme in die Bruderschaft hat familiären Charakter. Es handelte sich also analog zur italienischen Mafia um Schutzgemeinschaften mit stark hierarchischer Struktur.[77]

Zur Organisationsstruktur der Triaden sollen auch heute noch starke Rituale gehören und es werden eigene Kommunikationsformen zum Verständigen und Erkennen genutzt. Dies ging

---

[73] Vgl. Posner (1991, S. 73f)

[74] siehe hierzu auch Lange (1994, S, 77)

[75] So Thamm (1996, S. 131)

[76] Posner (1991, S. 74f)

[77] Freiberg;Thamm (1992, S. 12)

bis hin zur Entwicklung einer Geheimschrift. Der Grund dafür lag großteils in der hohen Mitgliederzahl der Triaden. Auch darin unterscheiden sich die Triaden von der Mafia, bei der eine einzelne Familie nie aus bis zu Zehntausenden von Mitgliedern besteht, wie dies bei den chinesischen Triaden oft der Fall ist.[78]

Die Schätzungen zur Anzahl der Mitlieder schwanken zwischen 100.000 - 300.000 weltweit. Glaubt man den Medien, beläuft sich die Zahl der Triaden-Anhänger sogar auf 30 Millionen.[79] Die wichtigste Basis ist Hongkong.[80] Es wird geschätzt, dass die Triade Sun Yee On heute in Hongkong ca. 40.000 Mitglieder aufweist und damit die größte aller Hongkong-Triaden darstellt, gefolgt von den Triaden Wo und 14 K, zu denen jeweils etwa 20.000 Anhänger gezählt werden können. Zur Struktur der Triaden vgl. folgendes Schaubild:[81]

Die fünf größten Hongkong-Triaden (Major Syndicates) 1960-1993

Name der Society	Schätzungen zur Anzahl der Mitglieder			
	1960[1)]	1984[2)]	1989[3)]	1993[4)]
Sun Yee On (Chiu Chao Group)	10.000	16.000	30.000	40.000-47.000
Wo Group	über 50.000	28.000	25.000	20.000
14 K	80.000	24.000	20.000	20.000
Luen Group	über 2.000	5.000		
Tung Group	1.500	3.000		

1) Zitiert nach Morgan, W.P. (1960): Triad Societies in Hong Kong, The Government Printer, p. 290-306

2) Zitiert nach Royal Hongkong Police 1984, in: FBI (1987): Asian Organized Crime in the U.S., p. 11

3) Zitiert nach Bökemeier, Rolf (1989): Hongkong unter der Hand, GEO Nr. 2/1989, S. 99 und 100

4) Zitiert nach Burton, Sandra (1993): The Triads go global, TIME No 5, February 1, p. 38 and 39

Abbildung 3: Die größten Triaden in Hongkong[82]

Freiberg/Thamm stellen fest, dass die chinesischen Triaden vor allem das folgende auszeichnet:[83]

[78] Vgl. zu den eigenen Kommunikationsformen der Triaden Thamm (1996, S. 43ff) und Freiberg; Thamm (1992, S. 14ff)
[79] Leyendecker (Süddeutsche Zeitung, 21.02.2005)
[80] Vgl. Thamm (1998, S. 65)
[81] ebenda (S. 13); vgl. hierzu auch Freiberg;Thamm (1992, S. 19);
[82] Aus: Thamm (1998, S. 66)

- „eine uralte Tradition in Geheimgesellschaften und damit im hierarchischen Aufbau, in der inneren Abschottung, im konspirativen und arbeitsteiligen Vorgehen, in verbalen und nonverbalen Geheimkommunikationen;
- eine lange Tradition im Drogenschmuggel (Opium);
- einen direkten geographischen Zugriff auf ein großes Schlafmohn-Anbaugebiet, das südostasiatische sog. Goldene Dreieck;
- weltweite, internationale Verbindungen durch diverse Dependancen in den Chinatowns großer Städte in Asien, Australien, Nordamerika, Westeuropa und – im Aufbau befindlich – auch Osteuropa.“

3.3 Globale Präsenz

Unumstrittene Hochburg ist die britische Kronkolonie Hongkong. Im eigenen Sprachraum sind die Triaden aber auch in Macao, auf Taiwan und darüber hinaus in Japan vertreten. Auch in Thailand, Vietnam, Malaysia, und Singapur lässt sich ihre Präsenz feststellen.[84] Die globale Ausbreitung der Triaden hängt vor allem mit der Auswanderung der Chinesen zusammen, die bereits Mitte des 19. Jahrhunderts einsetzte. Bereits Ende des 19. Jahrhunderts wurden in San Franciscos Chinatown Glücksspiel und Prostitution weitgehend von chinesischen Organisationen kontrolliert.[85] Das wichtigste Ziel der Triaden im Ausland sind die Vereinigten Staaten, was natürlich mit den chinesischen Vierteln in diesem Land zusammenhängt. Hier entwickelten sich chinesische Bruderschaften, so genannte Tongs.[86] Obwohl sie in den USA für etliche kriminelle Aktivitäten verantwortlich sind, haben sie es nicht geschafft größere Teile der amerikanischen Gesellschaft zu infiltrieren.[87] Ähnliche Organisationen entstanden in anderen Gebieten, in denen sehr viele Chinesen eingewandert waren, wie etwa in Kanada, Großbritannien (Mutterland der Kronkolonie Hongkong), Italien und Spanien, aber auch Deutschland. Eine wichtige Auslandsniederlassung der Triade 14 K soll in den Niederlanden bestehen, was vor allem mit den Importen von Heroin nach Europa zu tun hat.[88] Die weltweite Ausbreitung der Triaden hat sehr viel mit der Rückgabe von Hongkong an China 1997 zu tun. Zuvor und danach setzte ein starker Exodus der Triadenorganisationen und ihres Kapitals auf der ganzen Welt ein.[89]

---

[83] Freiberg; Thamm (1992, S. 28)
[84] Vgl. Thamm (1996, S. 127ff)
[85] Vgl. Freiberg; Thamm (1992, S. 24)
[86] So Klahr (1998, S. 213); vgl. auch Thamm (1996, S. 139)
[87] Hierzu Neumahr (1999, S. 143)
[88] Vgl. Freiberg; Thamm (1992, S. 27f)
[89] Thamm (1996, S. 8f); Vgl. auch Neumahr (1999, S. 145)

3.4 Deliktbereiche

Lange nennt vor allem 7 Bereiche, in denen sich Einflüsse der ‚dunklen Vereinigungen' nachweisen lassen. Den Drogenhandel, Aktivitäten im Umfeld von Spielbanken, Immobiliengeschäfte, Menschenhandel, Geldwäscherei, klassische Unterweltkriminalität wie Prostitution, Schleußerdienste oder Erpressung von ‚Schutzgeldern' bei Gastwirten sowie Waffenschmuggel.[90] Die Wirtschaftsreformen der letzten Jahrzehnte in China haben den Geheimgesellschaften bzw. Triaden wieder Auftrieb gegeben. Die Syndikate haben sich heute mehr und mehr den legalen Geschäften und Unternehmen zugewandt, d.h. sie betätigen sich auch auf den verschiedensten Gebieten, von Innenarchitekturfirmen über Luxushotels, Baufirmen, Autohandlungen bis hin zu lizenzierten Spielkasinos.[91] Europol stellte eine zunehmende Kooperation der chinesischen Organisationen mit anderen Gruppen der OK fest. So beteiligen sie sich, zusammen mit malaysischen OK-Gruppierungen am Kreditkartenbetrug. Erpressungen von Chinesischen Restaurants und Casinos werden heute durch die Erpressung großer Einzelhandelsgeschäften zunehmend erweitert.[92]

[90] Vgl. Lange (1994, S. 58ff)
[91] Hierzu Posner (1991, S. 75)
[92] Europol (2004, S. 9)

VI. Analyse

1. Mafia und Triaden im Vergleich

LOESER grenzt die italienische Mafia von dem übergeordneten Phänomen der Organisierten Kriminalität vor allem durch vier Besonderheiten ab:

- erstens tritt die Mafia in spezifischen Verbrechenssektoren auf, d.h. sie agiert dort wie ein Unternehmer,
- zweitens verbindet sie sich zur Erreichung ihrer Ziele intensiv mit den staatlichen und auch kirchlichen Institutionen,
- drittens verwendet sie spezifische Instrumente, um ihre Ziele zu erreichen,
- und schließlich – zum vierten – besitzt sie spezifische Organisationsformen.

Diese vier Unterschiede zur Organisierten Kriminalität im übergeordneten Sinn lassen sich aus dem familienähnlichen Grundprinzip der Mafia verstehen, woraus sich wiederum vier Faktoren ergeben, nämlich ein spezifisches Normensystem, das Territorialprinzip, ein bestimmtes Netzwerk und ein weiterer Faktor, der als Sicilianità bezeichnet wird.[93] Zusammen genommen ergibt sich ein Bild, das folgendermaßen wiedergegeben werden kann:

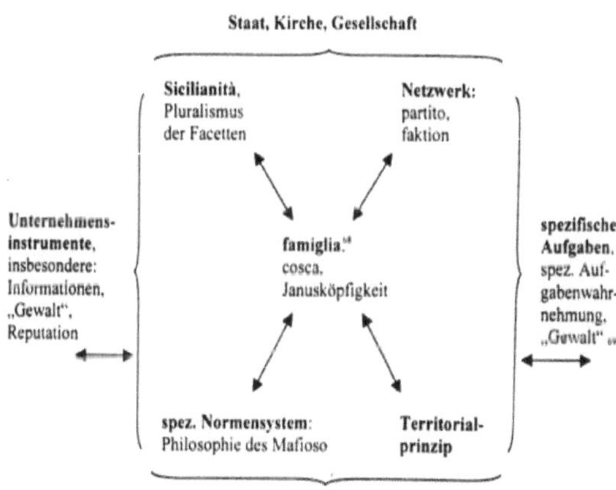

Abbildung 4: Faktoren der Macht der Mafia[94]

[93] Vgl. LOESER (2004, S. 110f).
[94] Quelle: LOESER (2004, S. 111).

Die Herrschaft und die Macht der Mafia beruht auf den beiden Prinzipien der Familie und des Territoriums. Hier muss berücksichtigt werden, dass die Familie in stärkerem Maße als im übrigen Europa in Italien als zentraler Baustein der italienischen Gesellschaft aufgefasst wurde. Die Mafia-Familie wurde auf dieser Grundlage als ein Spiegelbild dieser gesamtgesellschaftlichen Situation aufgefasst. Diese Familie im erweiterten Sinne durch Heiraten, Patenschaften und Adoptionen und in einem weiteren Sinne durch Klientel, d.h. durch Abhängige und Freunde, die bei Bedarf mobilisiert werden können, bildet die Grundlage einer Gesellschaft in der Gesellschaft: *„Sie bildet einen eigenen sozialen Organismus mit zum Teil parastaatlichen Funktionen. Die größeren unter ihnen rekrutieren regelrechte Privatarmeen.“*[95]

Die chinesischen Triaden sind nicht in gleicher Weise nach dem Prinzip der Blutsverwandtschaft organisiert. Sie versuchen das Prinzip der Familie jedoch ebenso wie die italienische Mafia einzusetzen, indem sie durch Rituale und gegenseitige Verpflichtungen familienähnliche Strukturen erzeugen. Auf dieser Grundlage kann es den chinesischen Triaden jedoch nicht in gleichem Ausmaß gelingen, zu einer Sozialstruktur innerhalb der bestehenden Gesellschaft zu werden. Die italienische Mafia kann sich weitgehend noch als eine erweiterte Familienstruktur verstehen. Die chinesischen Triaden bestehen jedoch zum Teil aus mehreren tausend Mitgliedern. Hier sind familienähnliche Strukturen nicht mehr in gleicher Weise möglich. In beiden Arten der Organisierten Kriminalität wird jedoch das gleiche Prinzip einer Gesellschaft innerhalb der Gesellschaft eingesetzt.
Was die Deliktarten betrifft, so ähneln sich die Verbrechen der italienischen Mafia und der chinesischen Triaden stark. Vor allem geht es heute um Rauschgift in allen Formen, daneben um Prostitution. Wichtige Unterschiede gibt es jedoch in solchen Delikten, die von der Verbindung der Organisierten Kriminalität mit staatlichen Stellen abhängig sind. In Italien sind dies vor allem Subventionsbetrug und Immobilienspekulationen. Die chinesischen Triaden scheinen nicht im gleichen Maße Zugang zu staatlichen Strukturen zu haben. Neumahr ist der Meinung, dass es äußerst unwahrscheinlich ist, dass chinesische OK-Gruppierungen in der Lage wären, enge Beziehungen zu offiziellen Stellen durch Korruption aufzubauen.[96]

---

[95] PETERSEN (1995, S. 87).
[96] Vgl. NEUMAHR (1999, S. 144).

2. Mafia und Triaden in Deutschland

2.1 Tätergruppen und Deliktbereiche

„Auch wenn es in Deutschland nicht eine Entwicklung einer Organisierten Kriminalität (im Sinne einer mafiosen Parallelgesellschaft) wie in den USA gegeben hat und Deutschland auch keine über Generationen gehende Tradition im Bestehen und Wirken von klassischen OK-Gruppen wie die Triaden in China oder die 'Ndrangheta in Süditalien besitzt, bleibt doch festzuhalten, dass Deutschland in den letzten zehn Jahren zu einem zunehmend attraktiveren Standort für das organisierte Verbrechen schlechthin geworden ist."[97]

In Deutschland sind zwei OK-Strukturtypen anzutreffen. Deutsche ‚OK-Täter' fallen unter den Typus der Netzstruktur. Es agieren vielfältige horizontale Straftäterverflechtungen unabhängig voneinander in regionalen, überregionalen, nationalen und internationalen Netzwerken. Im Unterschied hierzu wird beim Mafia-Typus die Organisierte Kriminalität als Verbrechensform in sich geschlossener, streng hierarchischer internationaler Syndikate verstanden. Hierzu zählt beispielsweise die italienische Mafia oder auch die chinesische OK in Deutschland.[98] Aus diversen Studien des Bundeskriminalamtes und anderer Sicherheitsbehörden geht hervor, dass sich diverse Geheimbünde und Mafia-Organisationen aus Asien und Italien in Deutschland etabliert haben. So konnten schon Anfang der 90er Jahre Kontakte der Mafia nach Deutschland nachgewiesen werden.[99]

Das Bundeskriminalamt erstellt seit 1991 ein Bundeslagebild über die organisierte Kriminalität in Deutschland. Dieses enthält die aktuellen Erkenntnisse zur Lage und Entwicklung im Bereich der Organisierten Kriminalität. Es sei darauf hingewiesen, dass der Umstand, dass es keine einheitliche Definition von Organisierter Kriminalität gibt, die Erstellung eines OK-Lagebildes erschwert. Das Lagebild OK bildet daher auch nicht die Kriminalitätswirklichkeit im Hinblick auf die OK ab, sondern gibt einen Überblick über die der Polizei bekannt gewordenen Erscheinungsformen der OK, über das Hellfeld.[100] So wird ein Großteil der Straftaten im Bereich der OK der Polizei überhaupt nicht bekannt (Dunkelfeld).[101]

---

[97] zitiert nach THAMM (1998, S. 243).
[98] Vgl. WITTKÄMPER et al. (1996, S. 168f).
[99] Vgl. THAMM (1998, S. 249).
[100] Vgl. WEITEMEIER (2004. S. 14f).
[101] Vgl. FREIBERG; THAMM (1992, S. 117).

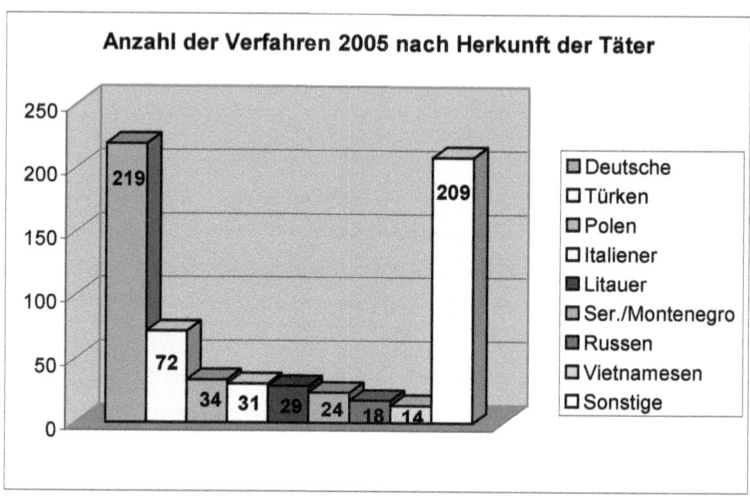

Abbildung 5: Anzahl der Verfahren nach Gruppenstruktur in Deutschland 2005[102]

Die Auswertung der 2005 der Polizei bekannt gewordenen OK-Straftaten ergab in Hinblick auf die Täterstruktur:[103]

Zu den insgesamt 644 OK-Ermittlungsverfahren gehörten 10.641 Tatverdächtige, davon knapp 50 % Deutsche und gut 50 % nichtdeutsche Tatverdächtige, insbesondere Türken, Polen und Italiener. Italienische Gruppen waren, mit einem Anteil von knapp 5 % vor allem im Bereich der Eigentums- und Rauschgiftkriminalität aktiv, wobei insbesondere KFZ-Sachwertdelikte und Kokainschmuggel aus den Niederlanden den Schwerpunkt bildeten. Die Anteile der Kriminalität im Zusammenhang mit dem Wirtschaftsleben sowie der Fälschungskriminalität (Euro-Bargeldfälschung) sind in den letzten Jahren angestiegen. Es muss angemerkt werden, dass italienisch dominierte Gruppen zunehmend unabhängig von ihren Mutterhäusern agieren. Während in Deutschland eher eine Strategie der Kooperation mit anderen Gruppen verfolgt wird es darum geht in der Öffentlichkeit unauffällig zu bleiben, richten sich Ihre Aktivitäten in Italien auf eine territoriale Herrschaft in der Herkunftsregion. Das BKA konnte jedoch Bezüge zur Cosa Nostra, zur Camorra, zur ‚Ndrangheta sowie zur ‚A Stidda' feststellen.[104]

---

[102] Quelle: Eigener Entwurf aufgrund von Daten des Bundeskriminalamtes (2006, S. 10).
[103] BUNDESKRIMINALAMT (2005, S. 10ff).
[104] Vgl. MÖRBEL (1999, S. 47).

Mit weniger als 1 % Anteil an den Strafverfahren im Jahr 2005 kann, im Vergleich zur italienischen organisierten Kriminalität, von einer geringeren Präsenz asiatischer Gruppen in Deutschland gesprochen werden. Chinesisch dominierte Gruppen waren überwiegend im Bereich Schleußerkriminalität tätig. Insgesamt bestätigt sich die seit 2003 steigende Bedeutung von chinesischen Gruppen in diesem Kriminalitätsbereich.[105] Bekannt ist, dass so genannte „Schlangenköpfe“ das Schleußergeschäft betreiben. Sie liefern ‚Menschen-Nachschub’ für die China-Restaurants in Europa. Die Zentren liegen jedoch in den Niederlanden, England und Frankreich. Deutschland fungiert nach Ansicht deutscher Sicherheitsbehörden vor allem als Transitland.[106] THAMM stimmt zu: *„Deutschland ist und war nie ein Triaden-Standort, sondern fungiert als Transitland, in dem durchaus Verbrechen vorbereitet werden.“*[107]

Es muss beachtet werden, dass heute vermutlich ein sehr hoher Anteil der chinesischen Gastronomiebetriebe in Deutschland um Schutzgelder erpresst wird. Aufgrund der Dunkelziffer kann über das Ausmaß nur spekuliert werden. Folgendes Problem erschwert die Arbeit der Ermittler: *„In Deutschland leben rund 70.000 chinesische Staatsbürger, meist sehr isoliert. Wenn etwas passiert, alarmieren sie so gut wie nie die Polizei. Und selbst wenn die Polizei eingeschaltet ist, erweisen sie sich nicht als sonderlich redselig.“*[108] Fest steht, dass schon im Jahre 1994, im Rahmen der größten Razzia im chinesischen Milieu, Beweismaterial für Schutzgelderpressung gefunden wurde.[109] LANGE stellte 1994 fest: *„Chinesen sind eine Realität in der modernen Welt; sie hinwegleugnen zu wollen, hieße die Augen vor einem gang gewiss nicht unwichtigen Aspekt der Gesellschaft zu verschließen.“*[110]

2.2 Medienpräsenz

Schon 1992 wurde durch TV-Reportagen wie „Gesucht wird ... Die Pizza Connection – das italienische Gangstertum greift auf Deutschland über“ der italienischen Organisierten Kriminalität in Deutschland hohe Aufmerksamkeit geschenkt.[111] In den letzten Jahren wurde die europäische Öffentlichkeit dann durch Berichte aus Neapel wieder darauf aufmerksam gemacht, dass Camorra, Mafia und ähnliche Organisationen auch in der Gegenwart eine tatsächliche Bedrohung des Rechtsfriedens in Europa darstellen.

---

[105] Vgl. hierzu BUNDESKRIMINALAMT (2006, S. 10ff).
[106] So LEYENDECKER (Süddeutsche Zeitung, 21.02.2005).
[107] Befragung THAMM, in: Der Spiegel, 06.02.2007.
[108] JÜTTNER (Der Spiegel, 06.02.2007).
[109] Vgl. LEYENDECKER (Süddeutsche Zeitung, 06.02.3007).
[110] LANGE (1994, S. 57) .
[111] Vgl. THAMM (1998, S. 249).

In den Jahren nach 2003 begann in Neapel eine Auseinandersetzung zwischen verfeindeten Familienclans, die in der Folge zahlreiche Todesopfer forderte. Der Ministerpräsident erwog sogar, Truppen in die Stadt zu entsenden, obwohl Neapel die Stadt mit der größten Polizeipräsenz in Italien ist. *„Neapel sehen und sterben. Touristen geraten in Kugelhagel,... “,*[112] *„Kampf gegen die Mafia. Rom mobilisiert 1.000 Polizisten“*[113]; so beschrieben die Medien Ende des letzten Jahres die Situation in Neapel.
Die Ereignisse in Sittensen rückten unlängst auch das Thema ‚Chinesische Mafia' in den Blickpunkt der Medienöffentlichkeit. Titel wie *„Blutbad in China-Restaurant. Massaker nach Mafia-Manier“*[114] oder *„War siebenfacher Mord ein Racheakt der Chinesen-Mafia“*[115] brachten aktuell auch ein Bewusstsein für die Triaden in der deutschen Gesellschaft.

Um genaue Erkenntnisse über die Präsenz von Mafia und Triaden in den deutschen Medien zu erhalten wurde die Frankfurter Allgemeine Zeitung herangezogen, die aus folgenden Gründen gewählt wurde:
1) Sie wird in der gesamten Bundesrepublik Deutschland verkauft und ist der gesamten Bevölkerung zugängig.
2) Sie hat mit einer durchschnittlichen Auflage von 365.000 einen besonderen Stellenwert, da sie damit 865.000 Leser erreicht.
3) Sie wird täglich in 145 Länder der Erde geliefert und hat damit die höchste Auslandsverbreitung aller deutschen Qualitäts-Tageszeitungen.
4) Sie wirkt meinungsbildend.
5) Sie ist eine qualitativ hochwertige Zeitung, wodurch sie nicht einseitig berichtet, sondern ein breites Spektrum an Themen anbietet.
6) Sie unterhält eines der großen Pressearchive der Welt mit mehr als 42 Millionen Artikeln.
7) Sie ist eine Tageszeitung und steht dafür für eine regelmäßige Berichterstattung.[116]

Untersuchungszeitraum sind die letzten 6 Jahre (Januar 2000 – Februar 2007). Hierzu wurden alle Artikel, die das Thema Mafia und Triaden betreffend sorgfältig recherchiert.

[112] ULRICH (Süddeutsche Zeitung, 26.09.2006).
[113] SORRENTINO (Der Spiegel, 03.11.2006).
[114] JÜTTNER (Der Spiegel vom 05.02.2007).
[115] JÜTTNER (Der Spiegel vom 06.02.2007).
[116] Frankfurter Allgemeine Zeitung (Hrsg.): Die Frankfurter Allgemeine Zeitung stellt sich vor. Leipzig.

Bei der Recherche wurden folgende Faktoren berücksichtigt:

- Wie bereits unter Punkt 3.1 erwähnt wird der Begriff Mafia heutzutage inflationär gebraucht. Bezeichnungen wie ‚Zigarettenmafia', ‚Abfallmafia' oder ‚Umweltmafia' galt es von dem Begriff der Mafia im Sinne der Organisierten Kriminalität zu trennen. Des Weiteren wurden Artikel separiert, die über Aktivitäten ‚anderer' mafioser Organisationen, wie der ‚Russen-Mafia' oder der ‚polnischen Mafia', berichteten.[117]
- Auch der Begriff der Triaden wird in mehreren Bereichen genutzt. Unter einer Triade versteht man laut Duden....
  Tri|a|de [f. 11] *Dreiheit, Dreizahl, drei zusammengehörige, gleichartige Dinge oder Wesen* [<griech. trias, Gen. triados, ‚Dreizahl', ‚Dreiheit', zu treis, tria "drei"]. So werden neben der kriminellen Organisation in China auch die drei größten Volkswirtschaften der Welt, also die NAFTA, die EU und das industrialisierte Osteuropa als Triade bezeichnet.

Nachstehende Abbildung soll das Problem der Recherche verdeutlichen. Hierzu wurden alle Artikel seit Januar 2000, das Wort ‚Mafia' betreffend, in einem Schaubild dargestellt. Insgesamt gab es seit diesem Zeitpunkt 142 Artikel, deren Titel den Begriff Mafia beinhalteten.

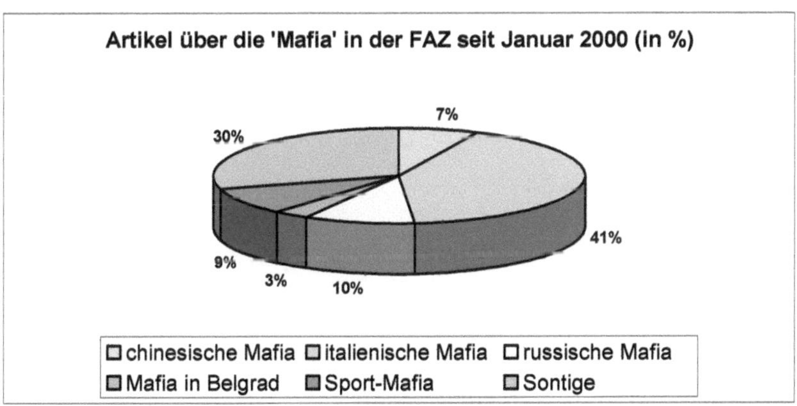

Abbildung 6: Artikel über die ‚Mafia' in der FAZ seit Januar 2000

[117] Vgl. MÖRBEL (1999, S. 36).

Zur Erklärung von Abbildung 6 muss angemerkt werden: Im Zusammenhang mit Sport wurde vor allem im Bereich des Fußballs oft von der ‚Mafia der Kampfrichter', der ‚Wett-Mafia' oder der ‚Geschäftemacher-Mafia'[118] berichtet.

Die russische Mafia, die 2005 einen Anteil von 1,6 % an den Verfahren in Hinblick auf die Organisierte Kriminalität in Deutschland hatte (siehe hierzu Punkt 6.1, S. 24), war 14 Mal in der FAZ präsent.

Unter die Rubrik Sonstige fallen unter anderem Titel wie „Ungeahnte Variationen. Die Saxophon Mafia kommt nach Frankfurt" oder „Die Mafia auf dem Bau"[119], die nicht unter dem Begriff der Organisierten Kriminalität zu verstehen sind.

Mit 59 Schlagzeilen[120] wird die Dominanz italienischer organisierter Kriminalität in den deutschen Medien deutlich. Über chinesische kriminelle Tätigkeiten wurde in den letzten Jahren wenig berichtet, wobei anzumerken ist, dass 7 von insgesamt 10 recherchierten Artikeln mit dem Ereignis in Sittensen zusammenhängen und daher das Jahr 2007 betreffen.

Zum Vergleich von Mafia und Triaden in Bezug auf recherchierte Artikel in der FAZ seit Januar 2000 folgendes Schaubild.

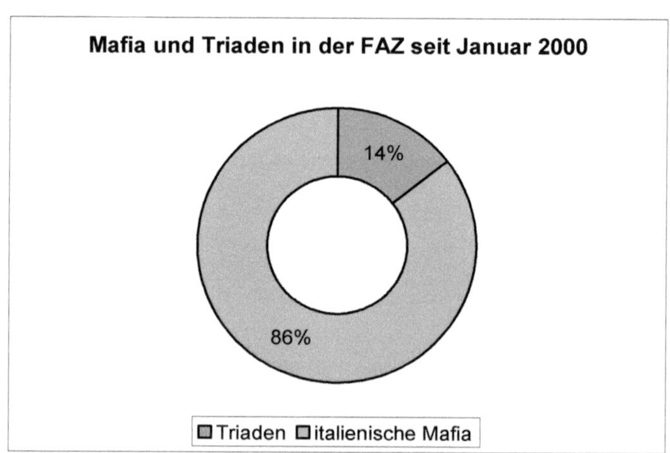

Abbildung 7: Artikel über Mafia und Triaden in der FAZ seit Januar 2000[121]

[118] Titel der Frankfurter Allgemeinen Zeitung (26.08.2004, 20.12.2004, 08.09.2006).

[119] Titel der Frankfurter Allgemeinen Zeitung (15.08.2005, 23.02.2002).

[120] dies entspricht einem Anteil vom 86% im Vergleich zu Artikeln über die chinesischen Triaden (14 %).

[121] Eigene Entwürfe anhand der Recherche im Archiv der Frankfurter Allgemeinen Zeitung; http://fazarchiv.faz.net/FAZ.ein

3. Schlussbetrachtung

3.1 Zusammenfassung und Auswertung

In den vorangegangenen Ausführungen wurde auf einige wichtige Aspekte der Macht der Organisierten Kriminalität in Form der italienischen Mafia und der chinesischen Triaden hingewiesen. Hier ist vor allem der Gesichtspunkt wichtig, dass es sich um Formen einer Gesellschaft in der Gesellschaft handelt, so dass die Mitglieder krimineller Organisationen ohne größeren Einfluss von Seiten der ‚offiziellen' Gesellschaft leben können. Der Mafioso bzw. der Angehörige einer Triade lebt gewissermaßen in einer eigenen gesellschaftlichen Welt, in der andere Gesetze und Normen gelten als in der ‚normalen' Welt. Gerade dies stärkt die Macht solcher Organisationen.

Um die Arbeit endgültig abzuschließen, muss nun an deren Anfang zurückgekehrt werden. Die Aussage von Ian Seabourn beinhaltet, dass die Triaden ‚mächtiger' sind als die Mafia mit ihren ‚Schwesterorganisationen'. Diese Aussage galt es zu bestätigen bzw. zu widerlegen.
Die ‚Macht' von organisierten Gruppen lässt sich schwer definieren. Fest steht jedoch, dass insbesondere die Mafia militärisch, ökonomisch und politisch eine Macht darstellt, die mit der Macht eines kleinen Staates gleichzusetzen ist. Eine Analyse verlangte zunächst nach einer historischen und gesellschaftlichen Darstellung der beiden Organisationen Mafia und Triaden. Diese wurde in den Kapiteln ‚Die Macht der Mafia' und die ‚Macht der Triaden' dargestellt. Hierbei ist ersichtlich geworden, dass zahlreiche Unterschiede der Organisationen bestehen. So haben die Triaden eine weitaus längere Tradition als die Mafia, deren Entstehung (aufgrund mangelndem Beweismaterial) vermutlich auf das 19. Jahrhunderts zurückgeht. Während die Mafia in Ihrer Art und Wirkung eine relative Konstanz aufwies, machte die organisierte Kriminalität der Triaden eine Wandlung durch, die sie von einer im Grunde politischen Bewegung über eine lange Zeitspanne zu einer organisierten Struktur von Kriminellen gemacht hat.
Ausgestattet mit modernsten Waffen, in Besitz von kompromisslosen Mitliedern, agieren sowohl Mitglieder der Mafia, als auch Angehörige der Triaden auf ähnliche Weise. Hierbei stellt insbesondere der illegale Waffenhandel eine bedeutende Grundlage für die Ausübung ‚militärischer Macht' dar. *„Gewalt dient vor allem zur Sicherung der zentralen Kontrolle [...]; sie wird somit als funktionales Mittel zur Erringung territorialer Herrschaft verstanden.“*[122]

[122] zitiert nach WESSEL (2001, S. 19).

In Bezug auf die weltweite Präsenz konnte festgestellt werden, dass beide Bündnisse sich global gesehen stark ausbreiten konnten. Die Mafia konnte sich überall dort verbreiten, wo durch zu geringe staatliche Autorität wirtschaftliche Betätigung ohne Kontrolle möglich ist. Heute ist sie nahezu auf allen Kontinenten der Erde vertreten. Unbestrittene Hochburg der Triaden ist Hongkong. Doch auch sie konnten sich weltweit ausbreiten. Nimmt man als Indikator für ‚Macht' die Anzahl der Mitglieder der Organisationen, kann eindeutig die Aussage von Ian Seabourn bestätigt werden. Die Mafia in Italien umfasst ca. 20.000 Mitglieder. Die in den USA bekannte Cosa Nostra mit ihren ca. 7.500 Mitliedern und die weitläufigsten Gefolgsleute weltweit dazugezählt, werden maximal 70.000 Italiener der italienischen Mafia zugerechnet. Die Triaden hingegen werden auf 100.000-300.000 Angehörige geschätzt. FREIBERG; THAMM weisen darauf hin, dass die Größenordnung der chinesischen organisierten Kriminalität weltweit einzigartig sei.

Der Vergleich der Deliktbereiche ergab, dass viele Gemeinsamkeiten im illegalen Sektor bestehen. So sind sowohl Mafia als auch Triaden im Drogengeschäft tätig und erpressen Schutzgeld. Schleußerkriminalität, illegales Glücksspiel und Geldwäsche gehören ebenfalls zum Betätigungsfeld beider Organisationen; um nur einige Bereiche zu nennen. Unterschiede lassen sich im legalen Sektor feststellen. Auch wenn die Triaden mehr und mehr im legalen Bereicht tätig sind, sie haben nicht im gleichen Ausmaß Zugang zu öffentlichen Stellen. Zieht man als Kriterium für Macht , die Verbindungen zu öffentlichen Bereichen' heran, kann die italienische Mafia als ‚mächtiger' bezeichnet werden und somit die Aussage von Ian Seabourn widerlegt werden. LOESER weist darauf hin, dass sich die Mafia stets von den üblichen Dieben und Banditen unterscheiden wollte, dass sie zu den Trägern der formellen Herrschaft in Staat, Kirche und Gesellschaft ein Netz von Beziehungen unterhält, das die Mafia und ihre Tätigkeiten in vielfältiger Weise vor staatlichen Sanktionen schützt: *„Schon immer arbeitete der mafioso als Einflussfaktor auf eine breite von ihm persönlich abhängige Klientel, deren Stimmabgabe in einem Wahlbezirk er bei den Parlamentswahlen kontrollierte, mit den auf Wählerstimmen angewiesenen Politikern, insbesondere politischen Führern in Parlament, Senat und Regierung, zusammen.“*[123] Gerade die Tatsache, dass die Mafia starke Verbindungen zu Politik und Verwaltung hält, unterscheidet die Mafia von den Triaden und eben darum ist die Mafia auch so außergewöhnlich gefährlich.

---

[123] LOESER (2004, S. 73).
„Das Ziel der Mafia ist nicht allein einen materiellen Gewinn zu erzielen, sondern auch das Streben nach Macht in vielen Bereichen des öffentlichen Lebens. Der Schlüsselbegriff der Beziehung zwischen Mafia und Politik ist der Klientelismus, der die Selbstorganisation in einem schwachen Staat beinhaltet.“ Vgl. MÜLLER (1990, S. 27).

Bezüglich einer ‚Machtdominanz' bleibt ferner festzuhalten: Wie bereits festgestellt wurde ist die chinesische Organisierte Kriminalität überall dort vertreten, wo sich Auslandschinesen ansiedeln. Die Wirksamkeit und die Existenz der Triaden waren von Anfang an extreme staatliche Verhältnisse gebunden. Auf diese treffen sie in anderen Ländern jedoch nicht mehr auf die gleiche Weise, was folgendes Problem ergibt: *„Das Eindringen in das kriminelle Alltagsgeschäft eines Gastlandes verhindern in der Regel Sprach- und Kommunikationsschwierigkeiten, sowie die ethnische Identifizierbarkeit, so dass ihnen im Ausland vor allem das Drogengeschäft, klassische Kleinkriminalität im Chinesenmilieu und die Schutzgelderpressung verbleiben.“*[124] Aufgrund dieser Tatsache ist nicht zu erwarten, dass chinesische Gruppen in der Lage sein werden Gewerkschaften zu kontrollieren oder durch Verbindungen zu öffentlichen Stellen großen Einfluss auf die Gesellschaft auszuüben.[125] Zumindest im Ausland ist die Macht der Triaden also durch soziale und ethnische Bedingungen begrenzt. Im Vergleich hat es die italienische Mafia abseits ihrer Ursprungsgebiete leichter zu kommunizieren und somit zu agieren.[126] Gerade die Tatsache, dass die Triaden in einer für „Nicht-Asiaten“ fremden Sprache kommunizieren, die auf Schriftzeichen beruht, kann aber auch einen erheblichen Vorteil darstellen. Gekoppelt mit gruppeninternen Kommunikationsformen wie Geheimzeichen und Geheimschriften fällt es Ermittlern schwer chinesische Kriminelle zu enttarnen.

Die Mafia schützt sich im Gegenzug durch Verhaltensweisen wie Dankbarkeit, Freundschaft, Vertrauen und Treue. Diese halten die Gesellschaft zusammen. Wichtigster Baustein ist die so genannte ‚òmerta'. Darunter ist generell die Schweigsamkeit aus Furcht vor Sanktionen zu verstehen, wobei hier vor allem die Schweigsamkeit gegenüber staatlichen Stellen und gegenüber allen Einrichtungen zur Rechtsdurchsetzung zu verstehen ist.[127] Hier muss angemerkt werden, dass die Mafia, auch aufgrund der ‚starken' Medienpräsenz, in der Gesellschaft große Angst erzeugt. Angst, die auch bei Beamten geschürt wird. So formulierte SORRENTINO in seinem Artikel das Problem folgendermaßen: *„Die Mafia ist zu mächtig, zu schlau und zu gut organisiert. Der Staat kann noch so viele Polizisten aufstellen – die großen Fische werden nicht gefangen; und selbst wenn, vor einem einflussreichen Bandenmitglied verschließt die Polizei wohl aus Angst seit jeher lieber die Augen.“*[128]

---

[124] KLAHR (1998, S. 212), vgl. hierzu auch NEUMAHR (1999, S. 143f).
[125] So NEUMAHR (1999, S. 144).
[126] Vgl. LANGE (1994, S. 98).
[127] Vgl. KLAHR (1998, S. 202).
[128] SORRENTINO (Der Spiegel, 03.11.2006).

Aus den genannten Gründen wird die Mafia oft als ‚gefährlicher' eingeschätzt als andere Gruppierungen der Organisierten Kriminalität. In Hinblick auf die chinesische Organisierte Kriminalität besteht kaum ein Bewusstsein in der Öffentlichkeit, was sie in der Gesellschaft oft als ‚nicht so gefährlich' erscheinen lässt.
Als letzten Indikator für ‚Macht' müssen noch die grundlegenden Strukturen angeführt werden. Während die Herrschaft und die Macht der Mafia auf dem Prinzip der ‚Familie' und des ‚Territoriums' beruht, sind die chinesischen Triaden nicht in gleicher Weise nach dem Prinzip der Blutsverwandtschaft organisiert. Die Mafia kann sich weitgehend noch als eine erweiterte Familienstruktur verstehen, die genau aus diesem Grund, gekoppelt mit der tiefen Verwurzelung mit ihrem Territorium mächtig sind. Die chinesischen Triaden bestehen hingegen zum Teil aus mehreren Tausend Mitglieder. Auf dieser Grundlage kann es ihnen nicht in gleichem Ausmaß gelingen, zu einer Sozialstruktur innerhalb der bestehenden Gesellschaft zu werden.
Alle Ergebnisse berücksichtigend stimme ich KLAHR zu[129], der sagt, dass die Mafia Eigenschaften besitzt, die sie ‚gefährlicher' macht als andere kriminelle Organisationen wie die chinesischen Triaden. Weniger aufgrund der hohen Anzahl ihrer Mitglieder, sondern wegen ihrer Struktur und ihrer Fähigkeit, trotz der komplexen Gliederung ihrer Organisationen einheitliche Strategien durchzusetzen.[130] Auch HARNISCHMACHER empfindet die Mafia als eine kaum zu erreichende Macht: *„Mit ihren Strukturen, ihrer Raffinesse und ihren gesellschaftlichen Beziehungen, ihren Europa mit allen Erdteilen verbindenden Kommandosträngen, ihren subtilen Methoden der Menschenführung und ihrer außergewöhnlichen Beständigkeit kommt die Mafia dem Ziel jedes Verbrechersyndikats näher als jede andere Organisation."*[131]

Was die Gefahr der Ausbreitung mafioser Strukturen in Deutschland betrifft, so zeigt sich diese Gefahr vor allem begrenzt, wenn man die besondere Struktur der Mafia als Gesellschaft in der Gesellschaft berücksichtigt. Dies gilt vor allem deshalb, weil die für die Mafia typische Verbindung zur Politik und damit der Einfluss von kriminellen Organisationen auf den Staat und auf die Gesellschaft insgesamt in Deutschland nicht bekannt sind.

SIEBER stellt fest, dass es Tätern gelungen ist, mit Hilfe von Korruption in einzelne Bereiche der Verwaltung einzudringen; Verwaltung und Justiz funktionieren in Deutschland jedoch

[129] Es sei darauf hingewiesen, dass wenn die Verfasserin nun von einer Machtdominanz der Mafia spricht, dann bezieht sich dies auf ihre eigenen Einschätzungen und Spekulationen, die auf den Erkenntnissen beruhen, die sie im Rahmen ihrer Recherchen erlangt wurden.
[130] Vgl. KLAHR (1998, S. 202f)
[131] HARNISCHMACHER (2006)

noch korrekt.[132] MÜLLER weist auf Folgendes hin: *„Doch die clientelistische Interessenkonvergenz zwischen Politikern und organisiertem Verbrechen hat in der Bundesrepublik keinen vergleichbaren Stellenwert. Gerade in diesen komplementären Interessen finden aber Mafiosi Macht und Sicherheit.“*[133] Die vorangegangen Ausführungen haben jedoch gezeigt, dass sowohl Organisationen der Mafia als auch Gruppen der chinesischen organisierten Kriminalität in Deutschland präsent sind. Offizielle Zahlen lassen auf eine Dominanz italienischer Gruppen schließen. Über einen realistischen Vergleich in Bezug auf die Präsenz und das Wirken von Mafia und Triaden in Deutschland kann aufgrund der Dunkelziffer nur spekuliert werden. Während sich die Mafia, aufgrund häufiger Berichte der Medien über ihr ‚Vorhandensein', stark in das Bewusstsein der deutschen Bevölkerung eingeprägt hat, konnten erst die neueren Ereignisse in Sittensen die Aufmerksamkeit der deutschen Öffentlichkeit auch auf die Präsenz von asiatischen ‚Geheimgesellschaften' lenken. Bleibt festzuhalten, dass zum aktuellen Zeitpunkt die italienische organisierte Kriminalität in Deutschland einen höheren Stellenwert besitzt. Einerseits konnten deutsche Sicherheitsbehörden in der Vergangenheit vermehrt Aktivitäten der italienischen Mafia nachweisen, andererseits konnte sich in der Gesellschaft aufgrund zahlreicher Zeitungsberichte ein stärkeres Bewusstsein für die „Mafia“ entwickeln.

3.2 Ausblick

BOSSERT; KORTE stellen zusammenfassend fest: *„Es gilt als sicher, dass sich die Internationale Organisierte Kriminalität weiter ausdehnen wird. Seit dem Ende des Kalten Krieges und der Globalisierung der Organisierten Kriminalität sind die Formen der Organisierten Kriminalität ein wesentlicher Bestandteil der politischen und vor allem auch der internationalen wirtschaftlichen Entwicklung. In ärmeren, nicht demokratisch gefestigten Staaten der Welt hat sich durch kriminelle Machenschaften eine Schattenwirtschaft entwickelt, die international alle wirtschaftlichen Bewegungen beeinflussen wird. Aber auch die reicheren Industriestaaten sind von der Internationalen Organisierten Kriminalität bedroht.“*[134]

Was die Zukunft der OK in Deutschland betrifft kann auch hier von einer zunehmenden Gefährdung gesprochen werden. Faktoren wie die geographische Lage Deutschlands, die Wirtschaftsmacht Deutschlands, die vorhandenen Wohlstandsgüter, die ausgebaute Infrastruktur,

---

[132] Vgl. SIEBER (1997a, S.77f).
[133] Vgl. MÜLLER (1990, S. 121).
[134] Vgl. BOSSERT; KORTE (2004, S. 298f).

die sozialen Absicherungssysteme und rechtsstaatlichen Sicherheiten und der große Nachfragemarkt für illegale Drogen in Deutschland werden das Kriminalitätsgeschehen weiter fördern.[135]

Weiterführend wäre eine Betrachtung der zunehmenden Kooperation zwischen der internationalen organisierten Kriminalität und terroristischen Gruppierungen denkbar, da weltumspannende terroristische Organisationen vermehrt Strukturen der organisierten Kriminalität übernehmen.

---

[135] Vgl. MÖRBEL (1999, S. 48f).

VII. Literaturverzeichnis

Monographien, Forschungsreihen, Veröffentliche Artikel in Zeitschriften:

CHEBOTAREV, Gennady F. (1997): Organisierte Kriminalität in Russland – Lagebericht. In: Sieber, Ulrich (Hrsg): Internationale Organisierte Kriminalität. Herausforderungen und Lösungen für ein Europa offener Grenzen. Köln, S. 131–144.

DE GENNARO, Giovanni (1999): Die Entwicklung des organisierten Verbrechens in Italien in den 90er Jahren. In: Meier-Walser, Reinhard C.; Hirscher, Gerhard; Lange, Klaus; Palumbo, Enrico (1999): Organisierte Kriminalität. Bestandsaufnahme, transnationale Dimension, Wege der Bekämpfung. Akademie für Politik und Zeitgeschehen. Landshut, S. 131-151

FREIBERG, Konrad; THAMM, Berndt Georg (1992): Das Mafia-Syndrom – Organisierte Kriminalität: Geschichte – Verbrechen – Bekämpfung. Verlag deutsche Polizeiliteratur, Hilden.

HAMACHER, Hans-Werner (1986): Tatort Bundesrepublik. Verlag deutsche Polizeiliteratur, Hilden.

HESS, Henner (1993): Mafia. Ursprung, Macht und Mythos. Freiburg.

HOFMANN, Martin L. (2003): Monopole der Gewalt. Mafiose Macht, staatliche Souveränität und die Wiederkehr normativer Theorie. Bielefeld.

KLAHR, Konrad (1998): Drogenpolitik und Organisierte Kriminalität. Diss. Rheinbach.

Krauthausen, Ciro (1997): Moderne Gewalten: organisierte Kriminalität in Kolumbien und Italien. Campus Verlag, Frankfurt/Main.

LANGE, Klaus (1994): Die internationale Dimension des organisierten Verbrechens. Akademie für Politik und Zeitgeschehen. Landshut.

LOESER, Roman (2004): Organisierte Kriminalität: Die sizilianische Mafia. Bd. 1: Die Grundlagen. Entstehung, Aufgaben, Organisations-Strukturen, Normen. 2. Auflage, Brühl.

LUCZAK, Anna (2004): Organisierte Kriminalität im internationalen Kontext. Konzeption und Verfahren in England, den Niederlanden und Deutschland. Freiburg.

LUPO, Salvatore (2002): Die Geschichte der Mafia. Düsseldorf.

MÖRBEL, Richard K. (1999): Organisierte Kriminalität in der Bundesrepublik Deutschland. In: Meier-Walser, Reinhard C.; Hirscher, Gerhard; Lange, Klaus; Palumbo, Enrico (1999): Organisierte Krimianlität. Bestandsaufnahme, transnationale Dimension, Wege der Bekämpfung. Akademie für Politik und Zeitgeschehen. Landshut, S. 36 -51

MÜLLER, Peter (1990): Die Mafia in der Politik. München.

NEUMAHR, Axel (1999): Organisierte Kriminalität: Konzeptionen und ihr Realitätsbezug. Eine kritische Analyse aufgrund einer Auswertung des bisherigen Forschungsstandes der USA. Dissertation. Köhler Verlag. Tübingen.

PETERSEN, Jens (1995): Quo vadis, Italia? Ein Staat in der Krise. Verlag C.H-Beck. München.

POSNER, Gerald L. (1991): Die chinesische Mafia. Die Triaden – das gefährlichste Heroin-Kartell der Welt. Lübbe Verlag. Bergisch Gladbach.

RAITH, Werner (1990): Parasiten und Patrone. Siziliens Mafia greift nach der Macht. Fischer-Taschenbuch-Verlag. Frankfurt/Main.

ROTH, Jürgen; FREY, Mark (1993): Die Verbrecher-Holding. Das vereinte Europa im Griff der Mafia. 4. Auflage. München u. a.

SCHAEFER, Hans-Christoph (1997): Organisierte Kriminalität aus der Sicht der Justiz. In: Bundeskriminalamt (Hrsg.): Organisierte Kriminalität. BKA-Forschungsreihe. Bd. 43. Wiesbaden, S. 107-126

SIEBER, Ulrich (1997a): Gefahren und Präventionsmöglichkeiten im Bereich der internationalen Organisierten Kriminalität. In: Sieber, Ulrich (Hrsg.): Internationale Organisierte Kriminalität. Herausforderungen und Lösungen für ein Europa offener Grenzen. Köln, S. 269-279

SIEBER, Ulrich (1997b): Organisierte Kriminalität in der Bundesrepublik Deutschland. In: Sieber, Ulrich (Hrsg.): Internationale Organisierte Kriminalität. Herausforderungen und Lösungen für ein Europa offener Grenzen. Köln, S. 43-86

STÖLTING, Erhard (1983): Mafia als Methode. Erlangen.

THAMM, Berndt Georg (1998): Mafia global: organisiertes Verbrechen auf dem Sprung in das 21. Jahrhundert. Verlag deutsche Polizeiliteratur, Hilden.

THAMM, Berndt Georg (1996): Drachen bedrohen die Welt – Chinesische Organisierte Kriminalität (Triaden). Verlag Deutsche Polizeiliteratur. Hilden.

WEGGEL, Oskar (1993): Das chinesische Geheimbundwesen: Entstehung, Pervertierung und Internationalisierung. In: China aktuell, Hamburg 9/1993, S. 918-940

WESSEL, Jan (2001): Organisierte Kriminalität und soziale Kontrolle: Auswirkungen in der BRD. Dt. Univ.-Verl. Nürnberg.

WITTKÄMPER, Gerhard W.; Krevert, Peter; Kohl Andreas (1996): Europa und die innere Sicherheit. Auswirkungen des EG-Binnenmarktes auf die Kriminalitätsentwicklung und Schlussfolgerungen für die polizeiliche Kriminalitätsbekämpfung. BKA-Forschungsreihe. Bd. 35, Wiesbaden.

Internetquellen:

BAYERISCHES STAATSMINISTERIUM DES INNERN (Hrsg.) (2002): Organisierte Kriminalität. Schütze unsere Demokratie. Passavia, Passau.
[http://www.verfassungsschutz.bayern.de/faltblattserie_vs/9.Org.%20Krimin.pdf] 03.02.2007

BOSSERT, Oliver; KORTE, Guido (2004): Organisierte Kriminalität und Ausländer-extremismus/Terrorismus. Schriftenreihe des Fachbereichs öffentliche Sicherheit. Brühl.
Quelle: www.fhbund.de/.../Innere_Sicherheit/band_24,templateId
www.fhbund.de/.../Innere__Sicherheit/band__24,templateId=raw,property=publicationFile.pdf/band_24.pdf (03.02.2007)

Bundeskriminalamtes (Hg): Lagebild Organisierte Kriminalität 2005. Pressefreie Kurzfassung, Juli 2006, S. 10
http://www.bka.de/lageberichte/ok.html (10.02.2007)

Europol (Hg.): Lagebericht der EU über die organisierte Kriminalität 2004. Offene Fassung. Dezember 2004.
http://www.europol.europa.eu/publications/EUOrganisedCrimeSitRep/2004/EUOrganisedCrimeSitRep04-DE.pdf (03.02.2007)

Harnischmacher. Robert F. J. (2006): Innere Sicherheit in Deutschland und Europa. Bundeszentrale für politische Bildung.
http://www.bpb.de/popup-druchversion.html?guid=YT3MY2 (04.11.2006)

MILITELLO, V. (2003): Politische Korruption in Europa. Der Fall Italien zwischen Licht und Schatten. Tagung der Heinrich-Böll-Stiftung, Berlin.
http://www.boell.de/downloads/demokratie/militello_abstr.pdf (31.01.2007)

PAOLI, Letizia (2004a): Die italienische Mafia. Paradigma oder Spezialfall organisierter Kriminalität? In: Geldwäschebekämpfung, Zeugenschutz, Gewinnabschöpfung. Wege zur Bekämpfung der Organisierten Kriminalität? Ein europäischer Vergleich. Hrsg. G. Gehl. Bertuch-Verlag, Weimar 2004, S. 9-26
http://www.forum.mpg.de/archiv/20041208/docs/mafia.pdf (31.01.2007)

PAOLI, Letizia (2004b): Familienkrise bei den Ehrenmännern. In: Forschung und Gesellschaft 1/2004, Max-Planck-Forschung. S. 58-63
www.maxplanck.de/bilderBerichteDokumente/multimedial/mpForschung/2004/heft01/1_04 MPF_58_63.pdf (03.02.2007)

THAMM, Berndt Georg (1999) Organisierte Kriminalität. Die düstere Allianz. Bürgerkrieg – organisiertes Verbrechen und Terrorismus. In: Gewerkschaft der Polizei (Hrsg.) Supplement der Zeitschrift deutschen Polizei. Nr. 7, 8/99. Verlag deutsche Polizeiliteratur, Hilden.
http://www.gdp.de/gdp/gdpcms.nsf/id/115DC09BD8F7F89DC1256FCD0045D8CB/$file/dpsp07.pdf (03.02.2007)

Weitemeier, I. (2004): Die Entwicklung der Kriminalität in der Bundesrepublik Deutschland im Vorfeld und im Anschluss an die EU-Osterweiterung. Danzig.
http://www.sicherheitstage-dresden.de/presse/weitemeier2006.pdf (12.02.2007)

Zeitungsartikel:

Jüttner, Julia: Blutbad im China-Restaurant. Massaker nach Mafia-Manier. In: Der Spiegel vom 05.02.2007
http://www.spiegel.de/panorama/0,1518,druck-464412,00.html (07.02.2007)

Jüttner, Julia: Schwierige Ermittlungen. War siebenfacher Mord ein Racheakt der Chinesen-Mafia? In: Der Spiegel vom 06.02.2007
http://www.spiegel.de/panorama/justiz/0,1518,druck-464735,00.html (07.02.2007)

Käppner, Joachim: Hintergrund. Die Triaden – die chinesische Mafia. In: Süddeutsche Zeitung vom 06.02.2007
http://www.sueddeutsche.de/panorama/artikel/893/100793/ (14.02.2007)

Leyendecker, Hans: Chinesische Mafia nutzt Visa für Schleußergeschäft. In: Süddeutsche Zeitung vom 21.02.2005
http://www.sueddeutsche.de/deutschland/artikel/216/48168/print.html (02.02.2007)

Leyendecker, Hans: Organisierte Kriminalität in Deutschland. Das blutige Geschäft der asiatischen Mafia. In: Süddeutsche Zeitung vom 07.02.2007
http://www.sueddeutsche.de/panorama/artikel/186/101085/print.html (07.02.2007)

Sorrentino, Tonia: Kampf gegen die Mafia. Rom mobilisiert 1.000 Polizisten. In: Der Spiegel vom 03.11.2006
http://www.spiegel.de/panorama/0,1518,druck-446404,00.html (04.11.2006)

Schümer, Dirk: Neapel. Ortstermin in der Konzernzentrale des Verbrechens. In: Frankfurter Allgemeine Zeitung vom 03.11.2006
http://www.faz.net/s/... (04.11.2006)

Ulrich, Stefan: Neapel sehen und sterben. Touristen geraten in Kugelhagel, in: Süddeutsche Zeitung, 26.09.2006,
http://www.sueddeutsche.de/reise/artikel/950/86864/4/ (03.11.2006)

Zachert, Hans: Professionelle Tatplanung, präzise Ausrichtung am Markt. In: Frankfurter Allgemeine Zeitung vom 18.08.1998
http://fazarchiv.faz.net/webcgi?WID=21243-2420427-80703_4 (10.02.2007)

Die Mafia auf dem Bau. In: Frankfurter Allgemein Zeitung, 23.02.2002
Ungeahnte Variationen. Die Saxophon-Mafia kommt nach Frankfurt. In: Frankfurter Allgemeine Zeitung, 15.08.2005
„Geschäftemacher-Mafia." In: Frankfurter Allgemeine Zeitung, 08.09.2006
„Mafia der Kampfrichter." In: Frankfurter Allgemeine Zeitung, 26.08.2004
DFB und DFL wollen „Wett-Mafia" bekämpfen. In: Frankfurter Allg. Zeitung, 20.12.2004, alle bei: http://www.fazarchiv.faz.net

Frankfurter Allgemeine Zeitung (Hrsg.) (2006): Die Frankfurter Allgemeine Zeitung stellt sich vor. Leipzig.
bei: http:///www.faz.net

VIII. Anhang

Indikatoren der OK-Erkennung[136]

(1) Vorbereitung und Planung der Tat

- präzise Planung
- Anpassung an Markterfordernisse durch Ausnützen von Marktlücken, Erkundung von Bedürfnissen u. ä.
- Arbeit auf Bestellung
- hohe Investitionen, z.B. durch Vorfinanzierung aus nicht erkennbaren Quellen
- Verschaffung und Nutzung legaler Einflusssphären
- Vorhalten von Ruheräumen im Ausland

(2) Ausführung der Tat

- präzise und qualifizierte Tatdurchführung
- Verwendung verhältnismäßig teurer oder schwierig einzusetzender wissenschaftlicher Mittel und Erkenntnisse
- Tätigwerden von Spezialisten (auch aus dem Ausland)
- arbeitsteiliges Zusammenwirken
- Einsatz von polizeilich ‚unbelasteten' Personen
- Konstruktion schwer durchschaubarer Firmengeflechte

(3) Finanzgebaren

- Einsatz von Geldmitteln ungeklärter Herkunft im Zusammenhang mit Investitionen
- Inkaufnahme von Verlusten bei Gewerbebetrieben
- Diskrepanz zwischen dem Einsatz finanzieller Mittel und dem zu erwartenden Gewinn
- Auffälligkeiten bei Geldanlagen, z.B. beim Kauf von Immobilien oder sonstigen Sachwerten, die in keinem Verhältnis zum Einkommen stehen

(4) Verwertung der Beute

- Rückfluss in den legalen Wirtschaftskreislauf
- Veräußerung im Rahmen eigener (legaler) Wirtschaftstätigkeiten
- Maßnahmen der Geldwäsche

(5) Konspiratives Täterverhalten

- Gegenobservation
- Abschottung
- Decknamen
- Codierung in Sprache und Schrift
- Verwendung modernster technischer Mittel zur Umgehung polizeilicher Überwachungsmaßnahmen

---

[136] Quelle: LUCZAK, Anna: Organisierte Kriminalität im internationalen Kontext. Konzeptionen und Verfahren in England, den Niederlanden und Deutschland. Max-Planck-Institut, Freiburg 2004, S, 206ff.

(6) Täterverbindungen/Tatzusammenhänge

- überregional
- national
- international

(7) Gruppenstruktur

- hierarchischer Aufbau
- ein nicht ohne weiteres erklärbares Abhängigkeits- und Autoritätsverhältnis zwischen mehreren Tatverdächtigen
- internes Sanktionssystem

(8) Hilfe für Gruppenmitglieder

- Fluchtunterstützung
- Beauftragung bestimmter Anwälte und deren Honorierung durch Dritte
- Aufwendung größerer Barmittel im Rahmen der Verteidigung
- hohe Kautionsangebote
- Bedrohung und Einschüchterung von Prozessbeteiligten
- Unauffindbarkeit von zuvor verfügbaren Zeugen
- ängstliches Schweigen von Betroffenen
- überraschendes Benennen von Entlastungszeugen
- typisches ängstliches Schweigen von Betroffenen
- Betreuung in der Untersuchungshaft
- Versorgung von Angehörigen
- Wiederaufnahme nach der Haftentlassung

(9) Korrumpierung

- Einbeziehung in das soziale Umfeld der Täter
- Herbeiführen von Abhängigkeiten (z.B. durch Sex, verbotenes Glücksspiel, Zins- und Kreditwucher)
- Zahlung von Bestechungsgeldern, Überlassung von Ferienwohnungen, Luxusfahrzeugen u.s.w.

(10) Monopolisierungsbestrebungen

- ‚Übernahme' von Geschäftsbetrieben und Teilhaberschaften
- Führung von Geschäftsbetrieben durch Strohleute
- Kontrolle bestimmter Geschäftszweige
- ‚Schutzgewährung' gegen Entgelt

(11) Öffentlichkeitsarbeit

- gesteuerte oder tendenziöse Veröffentlichungen, die von einem bestimmten Tatverdacht ablenken
- systematischer Versuch der Ausnutzung gesellschaftlicher Einrichtungen (z.B. durch auffälliges Mäzenatentum).